Band 21 · März 1985 3

isotopenpraxis

AKADEMIE-VERLAG

ISSN 0021-1915 Isotopenpraxis, Berlin 21 (1985) 3, 77—112

EVP 9,— M

An unsere Autoren

Die Zeitschrift veröffentlicht Beiträge zu folgenden Themen: Kontrolle und Analyse radioaktiver und stabiler Isotope, Anwendung radioaktiver und stabiler Isotope in allen Gebieten der Forschung und Technik, der Industrie, Landwirtschaft und Medizin, Herstellung radioaktiver und stabiler Isotopen sowie von markierten Verbindungen, kernelektronische Geräte für die Isotopenanwendung (Dickenmesser, Dichtemesser u. ä.) Detektoren für isotopentechnische Arbeiten und den Strahlenschutz in Isotopenlaboratorien, Meßtechnik und Strahlenschutz, Dosimetrie in Isotopenlaboratorien, kerntechnische Geräte für die Isotopenanwendung (Beton, Bestrahlungsanlagen u. ä.), Strahlenchemie, Radiochemie, ökonomische und perspektivische Fragen, Fragen der Weiterbildung.

1. Aufnahme von Manuskripten

Zur Veröffentlichung angenommen werden nur druckreife, noch nicht anderweitig publizierte Beiträge in deutscher, englischer oder russischer Sprache zum Themenbereich der Zeitschrift und zwar

Originalarbeiten
Kurze Mitteilungen
Aus der Praxis
Zusammenfassende Berichte
Tagungsberichte
Informationen.

Sind der Beitrag oder Teile daraus bereits veröffentlicht oder ist eine anderweitige Veröffentlichung vorgesehen, so muß dies der Redaktion mit genauer Angabe der Zweitveröffentlichung mitgeteilt werden. Mit der Annahme des Manuskriptes behält sich der Verlag das Recht der Vervielfältigung, Verbreitung und Übersetzung innerhalb der gesetzlichen Schutzfrist vor. Auszugsweiser Nachdruck oder photomechanische u. a. Wiedergabe sind an eine schriftliche Genehmigung des Verlages gebunden. Manuskripte, Zeichnungen und Photos von veröffentlichten Arbeiten werden nur auf den besonderen und bis zum Zeitpunkt der Veröffentlichung mitgeteilten Wunsch des Autors zurückgesandt.
Bei der unverlangten Einreichung von Manuskripten wird empfohlen, eine Befürwortung eines der Herausgeber oder Redaktionsausschußmitglieder beizufügen.
Manuskripte sind einzureichen bei der Redaktion, 1086 Berlin Leipziger Str. 3–4.

2. Form der Manuskripte

Die Autoren werden gebeten:
2 Manuskripte, eines davon in Original-Maschinenschrift, einseitig und mit 2zeiligem Abstand einzureichen; gut leserliche Photokopien sind zulässig; auf dem 1. Blatt (unter Weglassung der Bezeichnung)
den Titel der Arbeit
Vorname-Initialen und Namen sämtlicher Autoren
gegebenenfalls die Institution, in der sie tätig sind
eine kurze Zusammenfassung der Arbeit von höchstens 15 Zeilen
Keywords in alphabetischer Reihenfolge und
als Fußnote die Anschrift der Institution anzugeben;
wenn möglich, Zusammenfassung, Titel und Autoren *englisch* (bei deutschem oder russischem Manuskript) bzw. *deutsch* (bei englischem Manuskript) 2fach beizufügen;
Literaturhinweise (fortlaufend numeriert), Fußnoten, Tabellen, Abbildungen (in 2–3facher Veröffentlichungsgröße), Abbildungsunterschriften (getrennt von den Abbildungen mit Zeichenerklärungen, Quellenangaben, falls erforderlich, und gegebenenfalls mit einem Vermerk für besondere Wünsche bezüglich der Abbildungsgröße), private und Dienstanschrift der Verfasser mit akademischen Titeln und ausgeschriebenen Vornamen auf besonderen Blättern ans Ende des Manuskriptes zu stellen;
Wünsche für den Kolumnentitel (Seitenüberschrift) bekanntzugeben;
Absätze durch Einzüge von mindestens 3 Anschlägen kenntlich zu machen; die Maßeinheiten des SI-Systems („Systeme International") zu verwenden; Korrekturen im Manuskript unmittelbar an der zu korrigierenden Stelle anzubringen;
Formeln deutlich lesbar und möglichst groß einzutragen;
Farbabbildungen und nachträgliche Änderungen oder Ergänzungen in Abbildungen zu vermeiden;
hervorzuhebende Textstellen zu unterstreichen, und zwar halbfetten Satz mit einer geraden schwarzen Linie, kursiven Satz (Schrägschrift) mit einer blauen Wellenlinie (alle Eigennamen). Sperrungen gestrichelt;
besondere Buchstaben durch farbige Unterstreichung zu kennzeichnen, und zwar Formelzeichen in

Griechisch-Kursiv (α, β, ...) rot,
Kursiv (A, B, ...) blau
halbfetter Kursiv ($\boldsymbol{A}$, $\boldsymbol{B}$, ...) 2 Linien blau (Vektoren),
halbfetter Grotesk (**A**, **B**, ...) 2 Linien violett (Tensoren);

bei Literaturangaben auf Vollständigkeit zu achten. In nachstehender Reihenfolge müssen angegeben sein:

a) bei *Zeitschriften*: Vorname-Initialen und Namen sämtlicher Autoren, Titel der Zeitschrift (nach „Periodica Chimica" oder möglichst wenig gekürzt), Bandnummer (unterstrichen), Jahreszahl (in Klammern), Heftnummer (nur bei Zeitschriften, die jedes Heft mit S. 1 beginnen) sowie die Seitenzahl, auf der die zitierte Arbeit beginnt.

b) bei *Büchern*: Initialen der Vornamen und Name des Autors (Herausgeber werden durch den Zusatz „ed." gekennzeichnet), voll ausgeschriebener Titel des Buches in der Originalsprache, evtl. Bandnummer, voll ausgeschriebener Name des Verlages, Nummer der Auflage (außer der ersten), Erscheinungsort(e), Erscheinungsjahr (hier nicht in Klammern setzen!) und evtl. Kapitelnummer, Seitenzahl u. ä.

c) bei *Sammelbänden, Tagungsberichten*: Es soll zusätzlich der Titel des zitierten Beitrags angegeben werden. Die Seitenzahl muß unbedingt angegeben werden. Aus dem Zitat muß hervorgehen, ob es sich um einen Tagungssammelband oder um einen noch nicht veröffentlichten Vortrag handelt. Zwischen Tagungsort und Erscheinungsort des entsprechenden Tagungsberichts ist zu unterscheiden.

3. Korrekturen

Der Autor erhält zwei Umbruchabzüge, von denen einer möglichst schnell korrigiert an die Redaktion zurückgereicht werden soll. Auf Wunsch des Autors kann die Korrektur auch von der Redaktion gelesen werden.

Durch nachträgliche Manuskriptänderungen verursachte Korrekturkosten gehen, sofern sie 10% der Satzkosten übersteigen, zu Lasten des Autors.

Der Autor erhält 50 Sonderdrucke kostenlos. Weitere Sonderdrucke können bis zur Rückgabe der Korrekturabzüge auf Kosten des Autors bei der Redaktion bestellt werden.

Bezugsmöglichkeiten

Bestellungen sind zu richten

- **in der DDR** an den Postzeitungsvertrieb unter Angabe der Kundennummer des Bestellenden oder an den AKADEMIE-VERLAG, DDR-1086 Berlin, Leipziger Straße 3–4, PF-Nr. 1233;
- **im sozialistischen Ausland** an eine Buchhandlung für fremdsprachige Literatur oder an den zuständigen Postzeitungsvertrieb;
- **in der BRD und Berlin(West)** an eine Buchhandlung oder an die Auslieferungsstelle KUNST UND WISSEN, Erich Bieber OHG, Wilhelmstraße 4–6, D-7000 Stuttgart 1;
- **in den übrigen westeuropäischen Ländern** an eine Buchhandlung oder an die Auslieferungsstelle KUNST UND WISSEN, Erich Bieber GmbH, Dufourstraße 51, CH-8008 Zürich;
- **im übrigen Ausland** an den Internationalen Buch- und Zeitschriftenhandel; den Buchexport Volkseigener Außenhandelsbetrieb der Deutschen Demokratischen Republik, DDR-7010 Leipzig, Postfach 160; oder an den AKADEMIE-VERLAG, DDR-1086 Berlin, Leipziger Straße 3–4.

Zeitschrift „Isotopenpraxis"

Herausgeber: Im Auftrag des Akademie-Verlages herausgegeben von Prof. Dr. Justus Mühlenpfordt.
Verlag: Akademie-Verlag, DDR-1086 Berlin, Leipziger Straße 3–4, PF-Nr. 1233; Fernruf: 2236221 oder 2236229; Telex-Nr.: 114420;
Bank: Staatsbank der DDR, Berlin, Kto.-Nr.: 6836-26-20712.
Verantwortlich für den Inhalt des Heftes: Prof. Dr. H. Hübner, Leipzig.
Anschrift der Redaktion (Fernruf Frau H. Schier: 6351177) der Zeitschrift Isotopenpraxis: Akademie-Verlag, DDR-1086 Berlin, Leipziger Str. 3–4, PF-Nr. 1233
Veröffentlicht unter der Lizenznummer 1527 des Presseamtes beim Vorsitzenden des Ministerrates der Deutschen Demokratischen Republik.
Gesamtherstellung: VEB Druckerei „Thomas Müntzer", DDR-5820 Bad Langensalza.
Erscheinungsweise: Die Zeitschrift „Isotopenpraxis" erscheint monatlich. Die 12 Hefte eines Jahrganges bilden einen Band. Bezugspreis je Band 240,– M zuzüglich Versandspesen; Preis je Heft 20,– M.
Bestellnummer dieses Heftes: 1079/21/3.

AN (EDV) 12831

Isotopenpraxis 21 (1985) 3, S. 77 bis 79

Präzisionsmessungen der relativen Häufigkeit des ^{18}O als Hilfsmittel bei der Bestimmung von Isochronenaltern silikatischer Gesteine

K. Wetzel

(Zentralinstitut für Isotopen- und Strahlenforschung der AdW der DDR)[1])

Es wird vorgeschlagen, die Zugehörigkeit einer Probe eines Gesteins bzw. Minerals zu einer Isochrone für die radiogeochronologische Datierung bzw. für die Bestimmung des anfänglichen Isotopenverhältnisses des Tochterelements anhand des $\delta^{18}O$-Werts zu beurteilen. Mit Hilfe der Inkrementenmethode von Schütze [1] wird gezeigt, daß dieses Kriterium auf granitische Gesteine ohne Einschränkungen anwendbar ist. Bei intermediären und basischen Gesteinen setzt die Anwendbarkeit der Methode gewisse Kenntnisse über den Wassergehalt der zugrunde liegenden Magmen und/oder den räumlichen Ablauf der Kristallisationsdifferentiation voraus.

The question wether a sample of a rock or a mineral belongs to an isochrone for radiogeochronological dating or for determining the initial isotopic ratio of the daughter element can be decided by measuring $\delta^{18}O$ values. It is shown by means of Schütze's [1] incremental method that there are no limitations in applying this criterion on granitic rocks. In the case of intermediary and basic igneous rocks some knowledge is necessary on the water content of the magma and/or the spatial progress of fractional crystallization.

Keywords

geochronology; igneous rocks; isotope dating; isotope effects; rubidium 87; oxygen 18; stable isotopes; years living radioisotopes

Die physikalische Altersbestimmung von Gesteinen nach der Rb/Sr- der Sm/Nd-, der K/Ca-, der Lu/Hf-, der La/Ce-, der Re/Os-, der U/Pb- und der Th/Pb-Methode beruht auf dem radioaktiven Zerfallsgesetz, dem man — für den Fall der Rb/Sr-Methode — gewöhnlich die Form

$$\frac{^{87}\mathrm{Sr}}{^{86}\mathrm{Sr}} = \frac{^{87}\mathrm{Rb}}{^{86}\mathrm{Sr}}(e^{\lambda t} - 1) + \left(\frac{^{87}\mathrm{Sr}}{^{86}\mathrm{Sr}}\right)_i \qquad (1)$$

gibt. Darin sind ^{86}Sr, ^{87}Sr und ^{87}Rb die molaren Konzentrationen dieser Nuklide, und zwar die rezenten oder, wenn der Index i steht, die anfänglichen, zur Zeit der Bildung des Gesteins herrschenden Konzentrationen; λ bedeutet die Zerfallskonstante und t das Alter des Gesteins. Die Gl. (1) enthält zwei Unbekannte, nämlich $\left(\frac{^{87}\mathrm{Sr}}{^{86}\mathrm{Sr}}\right)_i$ und t. Dieser Schwierigkeit kann man auf zwei Wegen entgehen: Entweder berechnet man $\left(\frac{^{87}\mathrm{Sr}}{^{86}\mathrm{Sr}}\right)_i$ aus einer Hypothese über die Herkunft und die Geschichte des Ausgangsmaterials und bestimmt mit Hilfe von Gl. (1) ein „Modellalter", oder man wählt aus dem zu datierenden Gestein bzw. Gesteinskomplex mehrere Proben unterschiedlichen $\frac{^{87}\mathrm{Rb}}{^{86}\mathrm{Sr}}$-, also auch unterschiedlichen $\frac{\mathrm{Rb}}{\mathrm{Sr}}$-Verhältnisses aus und ermittelt mittels Gl. (1) ein „Isochronenalter". (Gl. (1) ist die Gleichung einer Geraden in einem $^{87}Sr/^{86}Sr$-$^{87}Rb/^{86}Sr$-Diagramm, deren Neigung ein Maß für das Alter t ist; diese Gerade wird Isochrone genannt. Ihr Ordinatenabschnitt gibt das anfängliche Isotopenverhältnis $\left(\frac{^{87}\mathrm{Sr}}{^{87}\mathrm{Sr}}\right)_i$ an.) Wie man erkennt, bedarf auch die Isochronenmethode einer Hypothese, nämlich der Annahme, daß die ausgewählten Gesteins- bzw. Mineralproben aus ein- und demselben Ausgangsmaterial zu ein- und derselben Zeit entstanden sind. Darüber hinaus muß die Bedingung der Geschlossenheit des Systems seit seiner Bildung erfüllt sein, die allerdings auch im Falle der Bestimmung eines Modellalters notwendig und insofern nicht nur für die Isochronenmethode typisch ist.

Es ist das Ziel der vorliegenden Arbeit festzustellen, ob bzw. inwieweit es möglich ist, anhand von Präzisionsisotopenanalysen des Sauerstoffs in den zur Datierung herangezogenen Proben mit Hilfe der Inkrementenmethode von *Schütze* [1] zu prüfen, ob die eben genannten drei Bedingungen erfüllt sind oder nicht. Die Untersuchung soll auf Magmatite, und zwar auf solche Magmatite, deren Stoffbestand durch die Vorgänge bei der Kristallisationsdifferentiation eines Magmas homogener chemischer Zusammensetzung bestimmt ist, beschränkt bleiben. (Für Magmatite, deren örtliche Verteilung der Elementkonzentrationen durch die Vorgänge bei der Palingenese bestimmt ist, und für Metamorphite gilt es, gesonderte Untersuchungen anzustellen.)

Wir betrachten ein Magma, dessen Wassergehalt im Laufe der Erstarrung unter Bildung des zu datierenden Gesteinskomplexes im Mittel zwischen 0 und 10 Gewichts-% liegt. (Granitische Magmen enthalten 2 bis 20, im Mittel 10 Gewichts-% Wasser. Die höchsten Wassergehalte dürften in der Regel Magmen in den letzten Stadien der Hauptkristallisation entsprechen, deshalb ist die Annahme eines mittleren Wassergehalts von 10% während des Erstarrungsprozesses durchaus eine extreme Annahme.) Der Sauerstoffgehalt des trockenen Magmas betrage 50 Gew.-%. Unter diesen Voraussetzungen liegt der Sauerstoffanteil ω des Wassers am gesamten Sauerstoff des Magmas zwischen $\omega = 0$ und $\omega = 0{,}165$; der Sauerstoffanteil der Alumosilikate demgemäß zwischen 1 und $1 - \omega = 0{,}835$. Wenn die Wasser-

[1]) Anschrift: DDR-7050 Leipzig, Permoserstr. 15

gehalte von Schmelze und Erstarrungsprodukt übereinstimmen würden, hätte das Wasser keinen Einfluß auf die Isotopenfraktionierung. In Wirklichkeit ist jedoch der Wassergehalt der festen Phase viel kleiner als derjenige der Schmelze. Bei den vorliegenden Untersuchungen wird der extreme Fall angenommen, daß nur die Schmelze Wasser enthält, das im Verlaufe der Kristallisation vollständig in der Restlösung konzentriert wird.

Weiterhin soll angenommen werden, daß das Verhältnis der Magmenmenge M_0 zu Beginn der Erstarrung unter Bildung des zu datierenden Gesteins zu der Menge M am Ende des Erstarrungsprozesses nicht größer als 10 sei. Größere M_0/M-Verhältnisse im Zuge der Kristallisation einheitlicher Magmenkörper widersprächen den Ergebnissen der Untersuchungen über die örtliche Elementverteilung in Magmatiten [2, 3]. (Bei sehr großen M_0/M-Verhältnissen müßten drastischere örtliche Konzentrationsunterschiede auftreten [4]).

$M_0/M \leqq 10$ entspricht auch den petrogenetischen Erwartungen: Aus den globalen Häufigkeiten kontinentaler Magmatite geht hervor, daß die aus einem Magma auskristallisierenden Gesteine schon im Bereich $M_0/M < 10$ ihre petrographische Identität verlieren. Eine intermediäre Schmelze scheidet weniger als 10% ($M_0/M < 1{,}1$) basisches Gestein aus; alsdann kommen intermediäre Gesteine ($M_0/M \approx 2$) und danach etwa 40% granitische Gesteine ($M_0/M \approx 2{,}5$) zur Kristalliation. Eine granitische Schmelze mit 2 Gew.-% Wasser bringt unter ständiger Anreicherung des Wassers oberhalb $M_0/M = 10$ nicht Granite, sondern Pegmatite zur Ausscheidung.

Für den elementaren thermodynamischen Trennfaktor

$$\alpha = \frac{(^{18}O/^{16}O)_{Magma}}{(^{18}O/^{16}O)_{Gestein}}$$

der Verteilung der Sauerstoffisotope zwischen einem nassen Magma und seinem trockenen Erstarrungsprodukt gilt:

$$10^3(\alpha - 1) = (1 - \omega)\left[\frac{I_{n+1} + I_n}{2} - I_{n/n+1}\right] \cdot \frac{7{,}98 \cdot 10^6}{T^2} + \omega\left[(7{,}98 I_{n/n+1} - 4{,}06)\frac{10}{T^2} - 2{,}71\frac{10^3}{T}\right] \quad (2)$$

Darin bedeuten $\frac{I_{n+1} + I_n}{2}$ das arithmetische Mittel der ^{18}O-Indices der Schmelze im Verlaufe der Erstarrung des Gesteins mit dem ^{18}O-Index $I_{n/n+1}$ [1, 5] und T diejenige, bei nicht postmagmatisch überprägten Magmatiten bei oder dicht unterhalb der Erstarrungstemperatur gelegene, Temperatur der Schmelze, bei der das Isotopenaustauschgleichgewicht „eingefroren" wurde.

Für $\omega = 0$ geht Gl. (2) folgerichtig in die bekannte Beziehung für trockene Magmen über:

$$10^3(\alpha - 1) = \left(\frac{I_{n+1} + I_n}{2} - I_{n/n+1}\right) \cdot \frac{7{,}98 \cdot 10^6}{T^2}$$

Bei den annähernd eutektisch erstarrenden Graniten ist $\frac{I_{n+1} + I_n}{2} - I_{n/n+1} \approx 0$ und α weicht nur bei nassen Magmen merklich von eins ab:

$$10^3(\alpha - 1) = \omega\left[(7{,}98 \cdot I_{n/n+1} - 4{,}06)\frac{10^6}{T^2} - 2{,}71 \cdot 10^3\right]$$

Für den Zusammenhang zwischen den δ^{18}O-Werten[2]) δ_0 bzw. der Schmelze am Anfang des Kristallisationsprozesses und nach der Erstarrung bis auf einen Rest von 10% (bezogen auf den gesamten Sauerstoff, also den silikatischen und den in Form von Wasser in der Schmelze vorhandenen) gilt die *Rayleigh*-Formel, die im vorliegenden Falle folgende Form annimmt:

$$\left(1 + \frac{\delta}{1000}\right) = \left(1 + \frac{\delta_0}{1000}\right) \cdot 10^{\alpha - 1}$$

bzw.

$$\delta = \delta_0(M_0/M)^{\alpha-1} - [1 - (M_0/M^{\alpha-1}]$$

und wegen $M_0/M = 10$:

$$\delta = 10^{\alpha-1} \cdot \delta_0 - 10^3(1 - 10^{\alpha-1}) \quad (3)$$

Anstelle von Gl. (3) kann wegen $10^{\alpha-1} \approx 1$ auch die Näherungsformel

$$\delta - \delta_0 \approx (10^{\alpha-1} - 1) \cdot 10^3 \quad (4)$$

verwendet werden. Gl. (4) gibt an, welche maximale relative Änderung des δ^{18}O-Wertes die Erstarrung eines Magmas unter den hier beschriebenen Voraussetzungen hervorbringen kann.

Tab. 1 zeigt die Ergebnisse unserer auf der Basis von Gl. (2) und (4) durchgeführten Berechnungen über die

²) Per definitionem gilt:

$$\delta^{18}O = \frac{(^{18}O/^{16}O)_{Probe} - (^{18}O/^{16}O)_{Standard}}{(^{18}O/^{16}O)_{Standard}} \cdot 1000‰$$

wobei sich als Standard SMOW (standard mean ocean water) eingebürgert hat.

Tab. 1. ($\alpha - 1$)-Werte und Werte für $\delta - \delta_0$ für Plutonite und deren vulkanische Äquivalente für trockene und 10 bzw. 20 Gewichts-% Wasser enthaltende Magmen

Plutonite	$I_{n/n+1}$	$\frac{I_{n+1} + I_n}{2} - I_{n/n+1}$	T [K]	vulkanisches Äquivalent	$10^3(\alpha - 1)$			$\delta - \delta_0$		
					trockenes Magma	Magma mit 10 Gew. % H_2O	Magma mit 20 Gew. % H_2O	trockenes Magma	Magma mit 10 Gew. % H_2O	Magma mit 20 Gew. % H_2O
Gabbros	0,713	0,091	1100	Basalte	0,60	0,32	0,061	1,38	0,74	0,14
Diorite	0,762	0,074	1025	Andesite	0,56	0,35	0,16	1,29	0,81	0,37
Quarzdiorite	0,844	0,022	1000	Dazite	0,18	0,14	0,11	0,41	0,32	0,25
Granodiorite	0,856	0,019	975	Rhyodazite	0,16	0,16	0,15	0,37	0,37	0,35
Granite und Quarzmonzonite	0,883	0,000	950	Rhyolite	0,00	0,08	0,14	0,00	0,18	0,32

Spanne der im Zuge der Erstarrung magmatischer Gesteine zu erwartenden $\delta^{18}O$-Werte der trockenen Magmen bzw. der Magmen mit einem im Mittel im Laufe der Erstarrung zu erwartenden Wassergehalt von höchstens 10 Gewichts-% (bezogen auf den Gehalt an Sauerstoff).

Bei Erstarrung eines Magmas bis auf einen Rest von 10% der anfänglichen Menge unter Bildung eines bestimmten Typs von magmatischem Gestein erfährt also die Schmelze und damit auch das aus der Schmelze entstehende und mit dieser Schmelze im thermodynamischen Gleichgewicht stehende Gestein die in den letzten drei Spalten der Tab. 1 angegebenen Änderungen der $\delta^{18}O$-Werte.

In der Regel ist nicht bekannt, welchen Wassergehalt das Magma hatte, aus dem das zu datierende Gestein kristallisiert ist, in welchem Stadium der Kristallisationsdifferentiation die Gesteins- bzw. Mineralprobe erstarrt ist (fraktionierte Kristallisation 1. Art) und ob bzw. inwieweit nach der Erstarrung Isotopenaustausch mit der Schmelze erfolgt ist (fraktionierte Kristallisation 2. Art). Insofern kann der $\delta^{18}O$-Wert eines Gesteins bzw. Minerals in dem Maße als Kriterium dafür herangezogen werden, daß dieses Gestein bzw. Mineral zu einer Isochrone gehört, wie der $\delta^{18}O$-Wert vom Wassergehalt des Magmas und vom Stadium der Erstarrung unbeeinflußt bleibt (vgl. die letzte Spalte der Tab. 1). Demnach läßt sich folgende notwendige, wenn auch nicht hinreichende Bedingung für die Zugehörigkeit einer Probe zu einer Isochrone formulieren: Einem magmatischen Gestein zum Zwecke der Datierung entnommene Proben können nur dann ein- und derselben Isochrone zugehörig sein, wenn ihre $\delta^{18}O$-Werte δ_i innerhalb bestimmter, durch die partielle Entmischung der Sauerstoffisotope im Zuge der Kristallisationsdifferentiation gegebener Grenzen Δ der Gleichgewichtsbedingung

$$\delta_i = \left[I_i \cdot 7{,}98 \cdot \frac{10^6}{T^2} + q\right] \pm \frac{\Delta}{2} \tag{5}$$

gehorchen. Darin sind I_i die ^{18}O-Indices der Proben, die sich in bekannter Weise aus der chemischen Zusammensetzung oder aus dem Modalbestand berechnen lassen [4]; q ist eine Konstante, in der sich der ursprüngliche $\delta^{18}O$-Wert des Magmas widerspiegelt. Die Spannen Δ entsprechen den maximalen Werten für $\delta - \delta_0$ in Tab. 1, also ist (wegen der experimentellen Fehler und wegen des Näherungscharakters der Inkrementenmethode aufgerundet) bei basischen und intermediären Gesteinen $\Delta \approx 1{,}4$ bzw. $1{,}3$, während bei granitischen Gesteinen und deren vulkanischen Äquivalenten $\Delta \approx 0{,}5$ ‰ ist.

Das mit Gl. (5) formulierte Kriterium für die Zugehörigkeit von Gesteinsproben zu einer Isochrone ist also für die zuverlässige Datierung saurer Gesteine geeignet. Bei anderen als sauren Magmatiten könnte auf unabhängigen Wegen versucht werden, das Verhältnis M_0/M und/oder den Wassergehalt des zugrunde liegenden Magmas zu beurteilen, um die Spanne Δ zu verkleinern. So kann bei ozeanischen Basalten von einem hohen Wassergehalt des Magmas ausgegangen werden, für das der Wert $\delta - \delta_0$, wie Tab. 1 zeigt, sehr klein ist.

Eingegangen am 8. 5. 1984

Literatur

[1] *H. Schütze*, ZfI-Mitt. **53** (1982) 21
[2] *J. Eidam, R. Seim*, Chem. Erde **29** (1971) 277
[3] *R. Seim, J. Eidam*, Chem. Erde **33** (1974) 31
[4] *K. Wetzel*, Z. geol. Wiss. (im Druck)
[5] *K. Wetzel*, Chem. Erde **42** (1983) 239

Isotopenpraxis **21** (1985) 3, S. 79 bis 82

Zur hydrogeologischen Interpretation von Isotopendaten im Zusammenhang mit Stofftransportprozessen*)

H. Jordan[1]), *D. Hebert*[2]), *K. Fröhlich*[2]), *R.-P. Scholz*[1]), *R. Gellermann*[2])

(Bergakademie Freiberg[1]) Sektion Geowissenschaften u.[2]) Sektion Physik)

Die Migration von Radionukliden und anderen Tracerstoffen in porösen Medien erfolgt nach den Gesetzen des Stofftransportes. Im vorliegenden Beitrag werden die physikalischen und hydraulischen Grundlagen der Retardation untersucht. Es wird eine Definition des Retardationsfaktors als Verhältnis der Porengeschwindigkeit des Wassers zur Geschwindigkeit des Tracertransportes abgeleitet. Auswirkungen auf den Grundwasserschutz werden diskutiert.

The migration of radionuclides and other tracers in porous layers is determined by substance transport. The physical and hydraulic basis of retardation is investigated. A definition of a factor of retardation is given, describing the ratio between the pore velocity of the water and the velocity of tracer migration. Consequences to the groundwater protection are discussed.

Keywords

groundwater dating; groundwater pollution; hydrogeology; radiocarbon; radionuclide migration; retardation; tritium

1. Einleitung

Isotopenhydrogeologische Untersuchungen haben zu qualitativ neuen Vorstellungen über den Neubildungsvorgang, die Bewegung und den Kontaminationsschutz des Grundwassers geführt. Insbesondere hat die Analyse natürliche Radionuklidgehalte eine mit anderen Verfahren nicht bestimmbare, aber für die Beurteilung der Dynamik und des Schutzes von Grundwässern wesentliche Eigenschaft des Wassers meßbar gemacht — die Verweilzeit des Grundwassers im geologischen Untergrund. Die hydrogeologische

*) Vortrag gehalten auf der 3. Tagung „Isotope in der Natur" vom 14.–18. 11. 1983 in Leipzig, DDR

1,2) Anschrift: 9200 Freiberg, PSF 47

Auswertung der physikalischen Meßresultate erfolgt im allgemeinen über die Verweilzeitverteilungsfunktion $f(\tau)$. Diese Funktion verknüpft modellartig hydrogeologisch relevante Eigenschaften des Grundwasserleiters und wesentliche Parameter der Grundwasserströmung mit den Meßwerten. Ursprünglich am jeweiligen Radionuklid (^{3}H, ^{14}C, ^{32}Si, Rn, U) gewonnene Aussagen über dessen Bewegung im Grundwasserleiter — also z.B. das Alter des Kohlenstoffs im Bikarbonat des Wassers — werden auf das Wasser selbst übertragen. Dabei muß beachtet werden, daß die Migrationsgeschwindigkeit von Wasserinhaltsstoffen im allgemeinen nicht identisch mit der Bewegungsgeschwindigkeit des Wassers ist. Säulen- [7] und Batchexperimente [2] mit verschiedenen Tracern (^{131}J, ^{51}Cr, Uranin u. s. w.) haben übereinstimmend gezeigt, daß die Abstandsgeschwindigkeit $v_{a,T}$ des Tracers um einen vom Tracer und der festen Matrix abhängigen **Retardationsfaktor** R gegenüber der hydraulisch definierten Geschwindigkeit des Wassers (Filtergeschwindigkeit v_f bzw. Porengeschwindigkeit $v_p = v_f/n_e$, n_e — durchströmte Porosität) vermindert ist [1—3].

Es gilt:

$$R = \frac{v_p}{v_{a,T}} \tag{1a}$$

Als Tracer des Wassermoleküls sind Tritium, Deuterium und Sauerstoff-18 geeignet. Sie folgen der Bewegung des Wassers mit dessen Abstandsgeschwindigkeit v_{a,H_2O}.

Da der Transport des Wassers annähernd den gesamten wassererfüllten Porenraum (absolute Porosität $n = n_e + n_r$, vgl. Abb. 1) erfaßt, erhält man $v_{a,H_2O} = v_f/n = v_p \cdot (n_e/n)$.

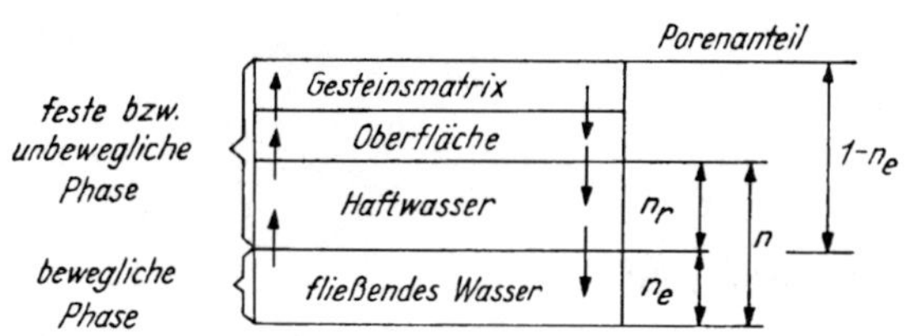

Abb. 1. Definition der austauschenden Reservoire

Anmerkung

1. Porenräume, die untereinander ohne Verbindung sind — also in keinem Zusammenhang mit Wasserbewegung und Stofftransport stehen — werden hier vernachlässigt.
2. Für den für den Stofftransport und -austausch wirksamen Hohlraumanteil (n) gilt

   $$n = n_e + n_r + n_g$$

   n_e = entwässerbarer Hohlraumanteil (bei Grundwasserabsenkung frei werdender Hohlraum)

   n_r = Restwassergehalt (maximaler Volumenanteil des Haftwassers, d. h. des Wassers, das entgegen der Gravitation vom Gesteinspartikel festgehalten wird)

   n_g = Hohlraumanteil, der infolge von Gaseinschlüssen nicht mit Fluid gefüllt werden kann.
3. Der durchströmbare Hohlraumanteil ist also das Volumen, das von einem Fluid unter Wirkung eines hydraulischen Gefälles durchströmt werden kann, also der untereinander verbundene Gesteinshohlraum abzüglich des haftwassererfüllten Anteils, der allerdings in den Stoffaustausch durchaus einbezogen wird.

Die Abstandsgeschwindigkeit des Wassers, gemessen als Abstandsgeschwindigkeit beispielsweise des Tracers Tritium, ist kleiner als die hydraulisch definierte Porengeschwindigkeit [4]. Es handelt sich um einen aus der hydraulischen Definition der Porengeschwindigkeit resultierenden Effekt, der eine scheinbare Retardation des Tritiums

$$R_{^3H} = n/n_e = v_p/v_{a,H_2O} \tag{1b}$$

hervorruft

Während die Filtergeschwindigkeit entsprechend der *Darcy*schen Definition $v_f = Q/A$ (Q — Durchflußmenge; A — durchströmte Fläche) die fließende Wasser**menge** charakterisiert, beschreibt die aus Isotopendaten (oder anderen Tracerdaten) bestimmte mittlere Abstandsgeschwindigkeit $v_{a,T} = \Delta s/\Delta\tau$ (Δs — Abstand; $\Delta\tau$ — Zunahme des Alters bzw. der mittleren Verweildauer τ) die Geschwindigkeit des Stofftransportes im Grundwasser. Die isotopenhydrogeologisch begründete Abstandsgeschwindigkeit ist also ein Maß für die Ausbreitungsgeschwindigkeit eines Inhaltsstoffes bzw. einer Konzentration, der Wasser**beschaffenheit**, im Grundwasser.

Grundlage und Voraussetzung einer prognosefähigen Gütemodellierung von Grundwasserlagerstätten ist somit das Konzept der Verknüpfung hydraulischer und isotopenhydrogeologischer Parameter mit Hilfe der Stofftransportgleichung.

2. Grundlagen

Der Isotopentransport gehorcht, unter Vernachlässigung der molekuaren Diffusion, der Beziehung (nach [5]):

$$\frac{\partial}{\partial x}\left[\delta \cdot v_f(x)\frac{\partial C}{\partial x}\right] - \frac{\partial}{\partial x}(v_f(x) \cdot C) - \left[n_e \cdot R \cdot \tau + \frac{v_N}{M}\right] \times C = n_e \cdot R\frac{\partial C}{\partial t} - \frac{v_N}{M} \cdot C_Q \tag{2}$$

Dabei sind:

C — normierte Konzentration oder Volumenkonzentration des Tracers
C_Q — Konzentration der Quelle Grundwasserneubildung (Input)
M — durchflossene Grundwasserleitermächtigkeit, m
n_e — effektive Porosität, entwässerbarer Hohlraumanteil
R — Retardationsfaktor nach Gleichgewichtshypothese der Sorption
t — Zeit, s
v_f — Filtergeschwindigkeit, m/s
v_N — Grundwasserneubildung, m/s
x — (longitudinale) Transportkoordinate, m
δ — Dispersivität, m
λ — Zerfallskonstante, 1/s

Der Stofftransport in porösen Medien beruht auf den drei physikalischen Vorgängen:

- Konvektion
- mechanische Dispersion
- molekulare Diffusion

Unter Konvektion versteht man den durch die Bewegung des Fluids mit dessen mittlerer Fließgeschwindigkeit erfolgenden Transport. Als mechanische Dispersion bezeichnet man die Streuung der Geschwindigkeit des Fluids in den einzelnen Porenkanälen. Sie setzt Konvektion voraus und ist eine Folge der Variationsbreite der Porengeometrie.

Die molekulare Diffusion beruht auf der *Brown*schen Molekularbewegung. Diffusion gleicht Konzentrationsunterschiede aus und tritt auch dann auf, wenn keine Strömung vorhanden ist. Bei üblichen Fließgeschwindigkeiten des Grundwassers erfolgt der Stofftransport im wesentlichen konvektiv und wird etwa geschwindigkeitsproportional dispersiv beeinflußt [6], während sich die Diffusion nur bei sehr geringen Fließgeschwindigkeiten merklich auf den Stofftransport auswirkt.

Der Stofftransport kann durch physikalische, biologische und geochemische Wechselwirkungen im Porenraum, die reversibel, teilreversibel oder irreversibel sein können, beeinflußt werden. Als Beispiele können physikalische Wechselwirkungen mit Tonmineralen, Ionenaustausch, Säure-/Basenreaktionen, Oxydation/Reduktion, Adsorption/Desorption, Lösungsausfällung und Komplexbildung genannt werden [7, 8]. Zu den biologischen Verursachern einer Retardation gehören:

Schadstoffe als Bioelemente, z.B. Zink, die Wirkung einer Humuszone als Isotopenaustauscher für die Wasserstoffisotope Deuterium und Tritium, aber auch für die Sauerstoffisotope im Falle des ^{18}O mit Carboxylgruppen von Huminsäuren, die mikrobielle Zellsynthese und bakterielle Abbauvorgänge.

Im folgenden werden Adsorptions- und Desorptionsprozesse betrachtet, die in dem Begriff „Sorption" zusammengefaßt sind. Sie bewirken, daß sich der betrachtete Stoff in definierter Weise auf Fluid und Feststoff verteilt und somit eine Verzögerung des Stofftransportes, eine Retardation, verursachen. Im Falle der Adsorption an Feststoffoberflächen beschreiben Isothermen die Verteilung des transportierten Stoffes auf die flüssige Phase einerseits und den adsorbierenden Feststoff andererseits. Eine übliche Näherung [2, 5] erhält man unter der Voraussetzung, daß die adsorbierte Stoffmenge der Konzentration des Stoffes im Fluid proportional ist (*Henry*-Isotherme):

$$C_A = k_d \cdot C_{Fl} \qquad (3)$$

C_A — adsorbierte Stoffmenge pro Masse des Adsorbers
C_{Fl} — pro Fluidvolumen enthaltene Stoffmenge

Gleichung (3) definiert den Verteilungskoeffizienten k_d für den Gleichgewichtsfall.

Für Radionuklide zum Beispiel ist als Stoffmenge die Aktivität zu verstehen. Erfolgt die Konzentrationsänderung in der fließenden Phase langsam, kann sich das Gleichgewicht über das Haftwasser hinweg zur festen Phase einstellen. Eine Zunahme der Konzentration im Fluid bewirkt einen Zuwachs der adsorbierten Stoffmenge. Dies wiederum führt zu einem konzentrationsproportionalen Stoffverlust aus der flüssigen Phase. Sorptionsprozesse können reversibel sein.

Allgemein tritt durch Sorptionsprozesse eine Verminderung der Migrationsgeschwindigkeit eines Stoffes gegenüber der Strömungsgeschwindigkeit des Wassers ein, eine Retardation. Zwischen Verteilungskoeffizient k_d und Retardationsfaktor R_D besteht die Beziehung [2, 9]:

$$R_D = 1 + \frac{\varrho_F}{n} \cdot k_d \qquad (4)$$

wobei ϱ_F die Feststoffdichte ist, für die gilt:

$$\varrho_F = (1 - n) \cdot \varrho_M$$

ϱ_M — Matrixdichte

Durch Messung des Verteilungskoeffizienten k_d im Laborexperiment kann der Faktor R_D bestimmt werden [2, 9].

Unter Berücksichtigung von Gl. (1b) kann der in dieser Arbeit (Gl. 1a) definierte Retardationsfaktor R geschrieben werden als

$$R = R_{^3H} \cdot R_D \qquad (5)$$

wobei R_D der von *Klotz* u. a. [2, 9] publizierte, durch Wechselwirkung mit der festen Phase verursachte, „echte" Retardationsfaktor und $R_{^3H}$ der u. a. von *Maloszewski* und *Zuber* [4] angegebene „scheinbare" Retardationsfaktor ist (Abb. 2).

Für den Fall unvollständiger Vermischung von Haftwasser und strömendem Wasser hat *Neretnieks* [10—12]

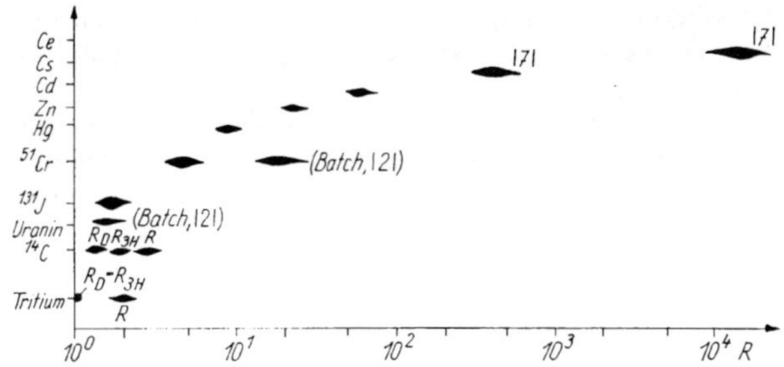

Abb. 2. Retardationsfaktoren (R) ausgewählter Elemente/Stoffe (bei $v_f = 1 \cdot 10^{-4}\,m \cdot s^{-1}$)

Anmerkung: Die Retardationsfaktoren für ^3H, ^{131}J und ^{14}C wurden aus Feldversuchen gewonnen. Die weiteren Angaben entstammen Säulen- bzw. Batch-Versuchen.

die Einführung eines Ausnutzungsfaktors $\psi = C_{HW}/C_{Fl}$ vorgeschlagen (C_{HW} = Tracerkonzentration im Haftwasser). Für langsame Fließbewegungen in porösen Gesteinen (Sande, Kiese, Sandstein) kann aber in guter Näherung $\psi = 1$ angenommen werden.

Da Tritium als HTO keine Wechselwirkung mit der Gesteinsmatrix des Grundwasserleiters eingeht, hat R_D für Tritium den Wert 1. Damit ist Tritium der „ideale" Tracer des Systems Grundwasser—Grundwasserleiter. Es ergibt sich aus Gleichung (1b) die Möglichkeit der Feldmessung von n: Man ermittelt n_e hydraulisch aus Pumpversuchen und mißt v_{a,H_2O} und erhält

$$n = R_{^3H} \cdot n_e \qquad (6)$$

3. Untersuchungsergebnisse

In den 70er Jahren wurden an der Bergakademie Freiberg Untersuchungen zum Transport von Wasserschadstoffen begonnen, die als Säulenversuche den Einfluß der hydrodynamischen Dispersion auf die Transportgeschwindigkeit verschiedener im Wasser gelöster Inhaltsstoffe (Schadstoffe) ermittelten. Als „idealen" Tracer, also einen Tracer, der sich mit der Geschwindigkeit des Wassers selbst fortbewegt, nutzte man das molekülinterne Tritium (HTO). Es zeigte sich, daß sich die untersuchten Schadstoffe mit stoffspezifischen Geschwindigkeiten, die unterhalb der Bewegungsgeschwindigkeit des Tritium-Impulses lagen, fortgewegten.

Als Ursachen dafür wurden Austauschvorgänge zwischen Sicker- und Haftwasser sowie „physiko-chemische Komponenten der Dispersion" erkannt [3].

Die Verzögerung einer Tracerfront ist abhängig von Eigenschaften der Matrix und des Tracers. Während aber im Lockergestein die Durchströmung des quasihomogenen porösen Mediums annähernd gleichmäßig erfolgt, werden im Festgestein lediglich die Oberflächen der Störungen (Spalten, Fissuren) retardationswirksam, nur sehr untergeordnet der Restporenraum.

Hinsichtlich des Verhaltens von Tritium, das in der Isotopenhydrogeologie des Grundwasserschutzes eine Schlüsselstellung einnimmt, kann man feststellen, daß

- Tritium im Wassermolekül (HTO) keine signfikanten Austauschvorgänge mit der Matrix vollzieht,
- die Höhe des Tritiumaustausches der immobilen Haftwassermenge äquivalent ist, also von der Gesamtporosität und der effektiven Porosität abhängt.

Kohlenstoff-14 sowie die bisher untersuchten Schwermetalle (Cr, Hg, Zn, Cd, Cs, Ce) unterliegen einer größeren

Retardation als HTO, weil sie neben dem Austausch mit dem Haftwasser an weiteren Sorptionsvorgängen beteiligt sind (Abb. 2).

Eine Verzögerung der Migrationsfront um das x-fache beeinflußt hydrogeologische Aussagen zur Grundwasserverweilzeit und zum Grundwasserschutz merklich. Untersuchungen zum Grundwasserschutz, die auf retardierten Nukliden oder anderen Tracern beruhen, sind entsprechend zu werten. Allerdings kann man davon ausgehen, daß Tritium ebenso wie Deuterium und Sauerstoff-18 im Wassermolekül schneller migriert als jeder andere von uns bisher untersuchte Kontaminand. Das bedeutet, daß mit Hilfe von Aussagen, die auf der Grundlage von Tritiumuntersuchungen erzielt werden, die Geschütztheitsbewertung von Grundwasserleitern gerechtfertigt ist. Für Aussagen zur Schutzzonenbemessung ergibt sich sogar eine realere Einschätzung, da nicht von der höheren Porengeschwindigkeit, sondern von der geringeren Migrationsgeschwindigkeit von Tritium ($v_{a,T}$) ausgegangen werden kann.

Selbst Mineralöle als Kontaminanden, die keinen Retardationsvorgängen im oben diskutierten Sinne unterliegen, erreichen auf Grund ihrer stoffspezifischen Phasendurchlässigkeit und ihrer dynamischen Viskosität ($\eta_{dyn.Öl} \geqq 20 \cdot \eta_{dyn.H_2O}$) nicht die Transportgeschwindigkeiten des Radionuklids Tritium.

4. Schlußfolgerungen

Die große Bedeutung der Retardation von Isotopen, deren wir uns in der Hydrogeologie bedienen, kann man wie folgt zusammenfassen:

1. Als „Retardation" wird hier die Verzögerung von natürlichen oder künstlichen Isotopen (Tracern) oder Wasserinhaltsstoffen bis hin zu Viren und Bakterien bei Stofftransportvorgängen im Boden- und im Grundwasser infolge von Sorptionsvorgängen definiert; sie ist abhängig von den Eigenschaften von Matrix und Tracer, der Fließgeschwindigkeit des Fluids und Umfang und Art der Hohlräume.
2. Die Bestimmung von Grundwasserverweilzeiten wird durch die Retardation unterschiedlich beeinflußt; neben dem radioaktiven Zerfall muß also der Einfluß der Retardation quantitativ bekannt sein.
3. Da aus der Bestimmung der Grundwasserverweilzeit hydrogeologisch relevante Größen wie Abstandsgeschwindigkeiten und Einzugsgebietsgrenzen von Grundwasserleitern ermittelt werden, hängen deren Größen also auch von der Retardation ab.
4. Im Rahmen des Grundwasserschutzes spielen isotopenhydrogeologische Untersuchungen für Kontaminationsgrößen und -geschwindigkeiten eine besondere Rolle. Die molekülinternen Isotope des Wassers markieren nach unseren derzeitigen Kenntnissen auch unter Berücksichtigung der scheinbaren Retardation die maximale Geschwindigkeit eines Kontaminanden.
5. Eine praktische Schlußfolgerung ist die quantitative Bewertbarkeit des Grundwasserschutzes gegenüber Kontaminationen, auch im Sinne der Bewertung der Wirksamkeit von natürlichen oder künstlichen Schutzschichten unter Deponiestandorten und der sicherheitlichen Einschätzung von Endlagern radioaktiver Abfälle sowie der Schutzzonenfestlegung um Grundwasserfassungsstandorte.
6. Eine deshalb sehr wichtige Aufgabe ist die quantitative Ermittlung der Retardationsfaktoren. Tritium wird dabei zum Bezugs„tracer" für retardierende Stoffe.

Für konsultative Hinweise wird Herrn Dipl.-Geophys. *P. Szymczak* gedankt.

Eingegangen am 10. 6. 1984
Überarbeitete Fassung am 25. 7. 1984

Literatur

[1] *D. Klotz, H. Moser*, Meyniana **34** (1982) 95
[2] *D. Klotz*, Beiträge über hydrogeologische Tracermethoden und ihre Anwendung, GSF-Bericht R 290, Neuherberg b. München 1982, 17
[3] *M. Sichting, H. Jordan, K. Fröhlich*, Untersuchungen zur hydrodynamischen Dispersion, Fo.-Bericht der IFG „Isotopenhydrogeologie" der Bergakademie Freiberg/Bereich Geotechnik der TH Bratislava, Freiberg 1978
[4] *P. Maloszewski, A. Zuber*, Interpretation of artifical and environmental tracers in fissured rocks with a porous matrix. Internat. Symp. on Isotope Hydrology in Water Resources Development. Vienna 1983, IAEA-SM-270/22
[5] *H. D. Voigt, F. Häfner*, Zeitschrift f. angew. Geol., **29** (1983) 419
[6] *J. Hulla, R. Ravinger, H. Jordan, D. Hebert*, Freiberger Forschungshefte C **388** (1983) 25
[7] *R. A. Freeze, J. A. Cherry, Groundwater*, Prentice-Hall Inc. Englewood Cliffs, New Jersey 07632, 1976
[8] *G. de Marsily*, Hydrogeologie quantitative. Paris: Verlag Masson 1981
[9] *D. Klotz, F. Oliv*, gwf – wasser/abwasser **124** (1983) 139
[10] *I. Neretnieks*, J. Geophys. Res. **85** (1980) 4379
[11] *I. Neretnieks*, Water Res. Res. **17** (1981) 421
[12] *I. Neretnieks, T. Eriksen, P. Tähtinen*, Water Res. Res. **18** (1982) 849

Isotopenpraxis 21 (1985) 3, S. 83 bis 86

Tritiummessungen an Zuflüssen im Salzbergbau*)

H. D. Schmiedl

(VEB Kombinat KALI, Direktionsbereich Forschung)[1])

D. Hebert, K. Fröhlich

(Bergakademie Freiberg, Sektion Physik)[2])

H. Jordan

(Bergakademie Freiberg, Sektion Geowissenschaften)[2])

Die Nutzung von Tritiumanalysendaten im Rahmen der komplexen bergbausicherheitlichen Bewertung der Gefährlichkeit auftretender untertägiger Lösungsvorkommen setzt eine sichere Vermeidung von Probenkontaminationen während des Gesamtanalysenprozesses voraus. Im Artikel wird ein Verfahren zur kontaminationsfreien Gewinnung des Probenwassers aus der anfallenden hochsalinaren Lösung erläutert.

The use of data obtained from the analysis of tritium within the scope of the complex evaluation as to safety-in-mines of the hazards due to underground brine occurrences is based on a sure avoidance of the contamination of samples during the whole analysis. The article described a method on the recovery of uncontaminated sample water from the available, highly saline brine.

Keywords

brines; contamination; salt deposits; tritium

1. Einleitung

Im Salzbergbau auftretende natürliche Zuflüsse mineralisierter Wässer müssen hinsichtlich möglicher von ihnen ausgehender Gefahren für den Produktionsablauf einer umfassenden Bewertung unterzogen werden. Die Art und der Umfang der von einem Zufluß ausgehenden Gefahrenmomente bestimmen die Strategie für dessen Bekämpfung [1].

Neben der konkreten bergtechnischen Situation am Zuflußort sind der Absolutwert der Zuflußrate und die in der Zukunft zu erwartende Entwicklung der Zuflußrate als entscheidende Parameter für die Entwicklung eines Zuflusses anzusehen. Während der (momentane) Wert der Zuflußrate direkt meßbar ist, erfordert die zuverlässige Vorhersage der Entwicklung der Zuflußrate umfangreiche Kenntnisse über die Art und Beschaffenheit des Reservoirs, aus dem der Zufluß gespeist wird sowie über die Verbindungswege zwischen Reservoir und Zuflußstelle.

Tab. 1 zeigt eine Auswahl wichtiger Kenngrößen und Verfahren für die Vorhersage der Entwicklung der Zuflußrate von natürlichen Zuflüssen im Salzbergbau.

Von einem untertagigen Zufluß geht besonders dann eine große Gefahr für die Produktion einer Salzgrube aus, wenn bei hohen Absolutwerten der Zuflußrate und ungünstiger bergtechnischer Situation sowie gleichzeitiger Speisung aus einem „unbegrenzten" Reservoir [2] eine Zunahme der Zuflußrate prognostiziert werden muß.

Als wichtigster Typ der unbegrenzten Reservoire sind Grundwasserlagerstätten mit rezenten Wässern anzusehen.

*) Erweiterte Fassung eines Vortrages zur 3. Tagung Nukleare Analysenverfahren, Dresden 11. – 15. 4. 1983

Anschriften: [1]) DDR-5400 Sondershausen, PF 78; [2]) DDR-9200 Freiberg, PF 47

Tab. 1. Auswahl wichtiger Kenngrößen und Meßverfahren für die Vorhersage der Entwicklung der Zuflußrate von Zuflüssen im Salzbergbau

	Kenngröße	Meßverfahren
Zufluß-reservoir	– unbegrenztes Reservoir – begrenztes Reservoir – Lage – Verbreitung – Volumen	– geologische Erkundung – geophysik. Erkundung – hydrodynamische Untersuchungen – geochemische Analyse – D/^{18}O-Analysen – ^{14}C-Analysen – Tritiumanalysen – Dichtemessung
Verbindungs-wege	– Art der Verbindungswege – mögliche Lösungsvorgänge auf den Verbindungswegen – Strömungswiderstände auf den Verbindungswegen	– geologische Erkundung – geophysik. Erkundung – hydrodynamische Untersuchungen – Langzeitbeobachtung von Lösungschemismus und Zuflußrate – geochemische Analyse – physiko-chemische Untersuchungen

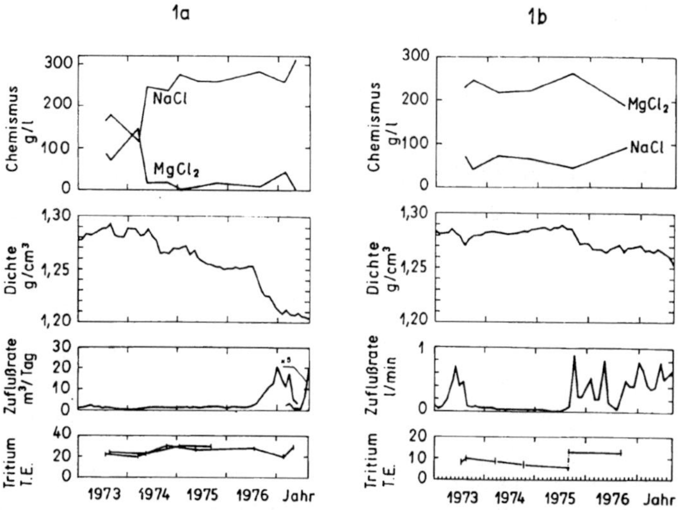

Abb. 1. Daten der Salzlösungszuflüsse 5/III und 18/III in der Grube Wapno (VR Polen) (nach *Zuber* u. a. [3])

Die Speisung eines Zuflusses durch rezente Grundwässer läßt sich in eindeutiger Weise durch eine Tritiumanalyse des zufließenden Wassers belegen.

Die mit den in Tab. 1 angeführten Verfahren gewinnbaren Aussagen überschneiden sich zum Teil. So ist neben dem Nachweis von Tritium auch die Abnahme der Dichte der zufließenden Lösung als deutlicher Hinweis auf eine Speisung aus einem unbegrenzten Reservoir anzusehen.

Von *Zuber* u. a. [3] konnte jedoch am Beispiel der Grube Wapno (VR Polen) eindrucksvoll die Überlegenheit der Tritiumanalyse nachgewiesen werden (Abb. 1): Bereits vor deutlichen Dichteänderungen konnte mittels Tritiumanalyse die Speisung verschiedener Zuflüsse durch rezente Grundwässer bewiesen werden.

Im VEB Kombinat KALI werden in enger Zusammenarbeit mit der Bergakademie Freiberg gewonnene Tritiumanalysedaten systematisch in die komplexe Bewertung der Gefährlichkeit auftretender untertätiger Salzlösungszuflüsse einbezogen.

Nachfolgend werden das den speziellen Bedingungen hochsalinarer Wässer angepaßte Probenaufbereitungsverfahren erläutert, ein Überblick über das Gesamtanalysenverfahren gegeben und praktische Resultate vorgestellt.

2. Messung

Die praktische Durchführung von Tritiumanalysen an salzhaltigen Wässern erfordert die kontaminationsfreie Abtrennung des Lösungsmittels Wasser von den gelösten Salzen. Naheliegend ist eine destillative Abtrennung, die jedoch insbesondere bei vollständiger Destillation durch heftigen Siedeverzug erschwert wird.

In Abb. 2 ist die spezifische Tritiumzählrate im schrittweise aufgefangenen Destillat einer künstlich mit HTO markierten Salzlösungsprobe wiedergegeben. Die Probe mit einem Salzgehalt von 368 g Salz je Liter Lösung wurde in einem Metallgefäß bis zur Trockne destilliert.

Die spezifische Zählrate in der Ausgangslösung betrug 21,1 Imp./min · g H_2O. In dem Bereich zwischen 5% und 90% der abdestillierten Wassermenge stimmen die für die einzelnen Destillationsschritte ermittelten spezifischen Zählraten innerhalb $\pm 5\%$ mit der spezifischen Zählrate der Ausgangslösung überein.

Dieser Sachverhalt wird bei einem speziell für die T-Analyse hochsalinarer Wässer entwickelten Destillationsverfahren [4] ausgenutzt. Bei dem Verfahren wird auf eine

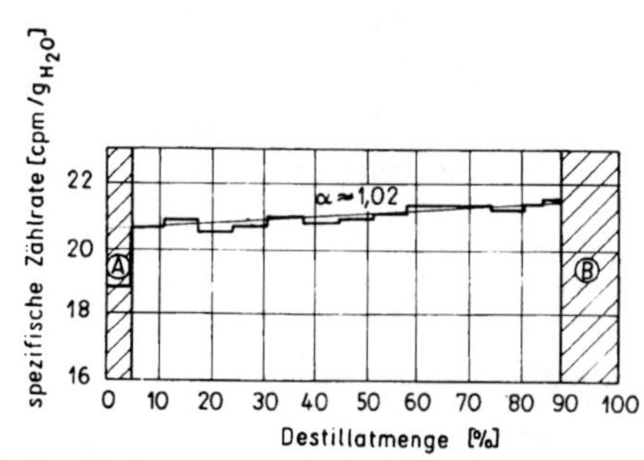

Abb. 2. Spezifische Tritiumzählrate im schrittweise aufgefangenen Destillat einer künstlich mit HTO markierten Salzlösungsprobe (Messung mit ULTROBETA 1210)

A – Anfangsdestillat (verworfen); B – Destillat stark sauer (pH = 1)

vollständige Destillation verzichtet, indem die Ausgangslösungsmenge so gewählt wird, daß die darin enthaltene Wassermenge vier- bis fünfmal so groß ist wie die abzudestillierende Wassermenge. Das Anfangsdestillat wird verworfen. Zusätzlich wird zur Senkung des Siedeverzugs ein wasserfreies Spülgas in die Salzlösung eingeleitet. Das mit leichtem Überdruck durch die Gesamtapparatur strömende Gas gewährleistet außerdem einen zusätzlichen Kontaminationsschutz. Die Destillationsapparatur ist in Abb. 3 schematisch dargestellt.

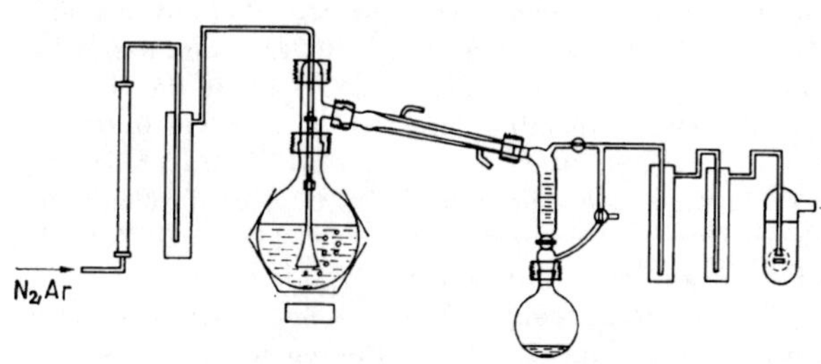

Abb. 3. Destillationsapparatur zur Gewinnung von Wasserproben für Tritiumanalysen aus hochsalinaren Salzlösungen (nach [4])

Die Stellung des Destillationsverfahrens im Gesamtanalysenablauf ist aus Abb. 4 ersichtlich. An die Schutzgasdestillation schließt sich eine elektrolytische Tritiumanreicherung in dem aus der hochsalinaren Probe gewonnenen Wasser an. Die Ausgangsmenge des zu elektrolysierenden Probenwassers beträgt 250 ml. Bei einem Endvolumen von 8 ... 10 ml wird eine 18- bis 20fache Anreicherung des Tritiums erreicht.

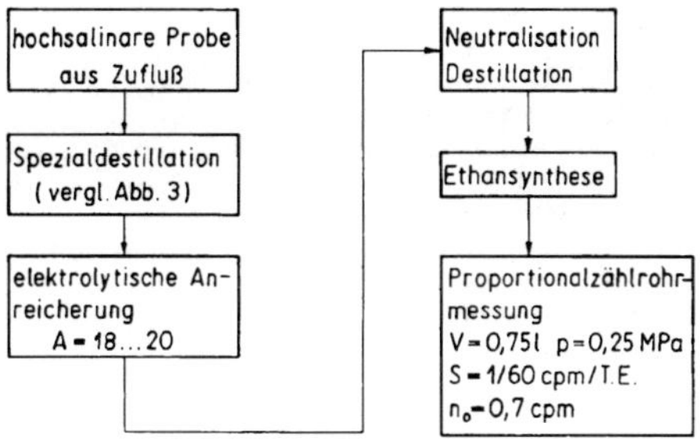

Abb. 4. Im TRI-CAR-Labor der Sektion Physik der Bergakademie Freiberg angewandte Technologie zum Nachweis von Tritium in hochsalinaren Wässern
Korrektur: Statt n_0 = 0,7 cpm lies B_0 = 0,7 cqm

Nach destillativer Abtrennung des Elektrolyten wird der das Tritium enthaltende Probenwasserstoff *H in einer Vakuumapparatur über die Reaktionen

$$^*H_2O + Mg \rightarrow MgO + {}^*H_2$$

$$2\ {}^*H_2 + C_2H_2 \rightarrow C_2{}^*H_4H_2$$

zu Ethan als Zählgas für ein Proportionalzählrohr synthetisiert. Das dabei benötigte Azetylen wird aus tritiumfreiem Wasser und Kalziumkarbid erzeugt. Über das zur Azetylenherstellung verwendete Karbid wird in das Zählgas Radon eingeschleppt. Mehrere Kontrollmessungen ergaben für den „Radoneffekt" eine Ausgangszählrate von ≤ 4 cpm [5]. Der Einfluß des „Radoneffektes" auf die Untergrundzählrate wird durch Abb. 5 demonstriert. Die Kontamination des Zählgases mit Radon macht entsprechen Abb. 5 eine etwa 30tägige Zwischenlagerung des Zählgases vor der Messung im Proportionalzählrohr erforderlich. Die Ethansynthese erfolgt über metallischem Palladiumpulver. Es wird ein Memoryeffekt von ca. $3 \cdot 10^{-4}$ beobachtet [6]. Das eingesetzte Proportionalzählrohr hat ein Zählgasvolumen von 757 cm³. Der Zählgasdruck beträgt 0,25 MPa.

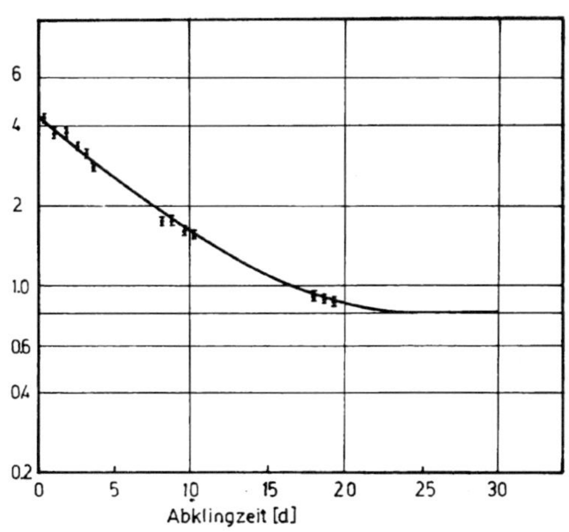

Abb. 5. Einfluß des „Radoneffektes" auf die Untergrundzählrate (nach [5])

Die mit dem Freiberger Proportionalzählrohrmeßsystem bei 24 h Meßzeit erreichbaren Kenndaten sind aus Tab. 2 ersichtlich. Zum Vergleich sind die entsprechenden Leistungsparameter des ebenfalls im TRI-CAR-Labor der Sektion Physik der Bergakademie Freiberg installierten Flüssigkeitsszintillationsspektrometers angegeben. Die für verschieden lange Meßzeiten mit den Freiberger Tritiummeßplätzen erreichbaren Meßgenauigkeiten sind aus Abb. 6 ersichtlich.

Tab. 2. Parameter der Freiberger T-Meßplätze [6]

Parameter	Prop. Zählrohr	Flüssigkeitsszintillationsspektrometer
Meßzeit	1440 min	1440 min
Nulleffekt B_0	0,7 cpm	5,0 cpm
(Empfindlichkeit)$^{-1}$	60 T. E./cpm	100 T. E./cpm
Anreich. Faktor	20	20
ΔB_0	(0,05 ... 0,10) cpm	(0,2 ... 0,3) cpm
Nachweisgrenze c_{min}	(0,3 ... 0,6) T. E.	(2 ... 3) T. E.

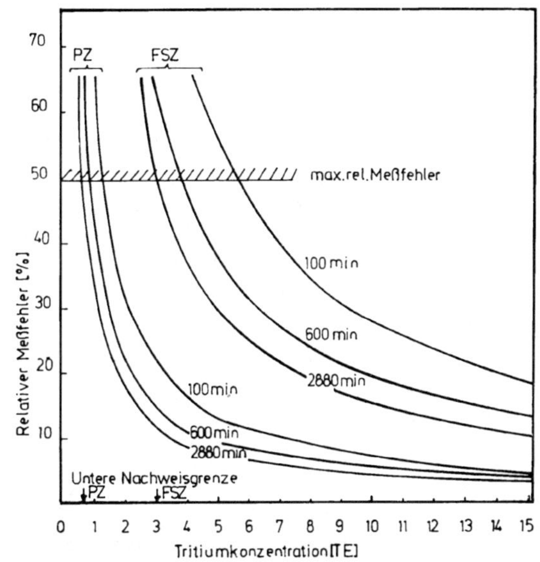

Abb. 6. Relativer Meßfehler beim Einsatz der Freiberger Tritiummeßplätze in Abhängigkeit von der Meßzeit und der nachzuweisenden Tritiumkonzentration (nach [6])

3. Diskussion der Meßergebnisse

Mit der in Abb. 4 dargestellten Meßtechnologie gewonnene Tritiumanalysendaten werden im VEB Kombinat KALI seit mehreren Jahren systematisch in die komplexe Bewertung der Gefährlichkeit auftretender untertagiger Zuflüsse einbezogen. Der Nachweis von Tritium in einem Zufluß ist ein sicheres Indiz für die Speisung des Zuflusses aus einem unbegrenzten Reservoir.

Die Gewinnung und Auswertung der Meßdaten erfolgt in enger wissenschaftlicher Zusammenarbeit zwischen der Bergakademie Freiberg und dem Bereich Bergbausicherheitsforschung im Direktionsbereich Forschung des VEB Kombinat KALI.

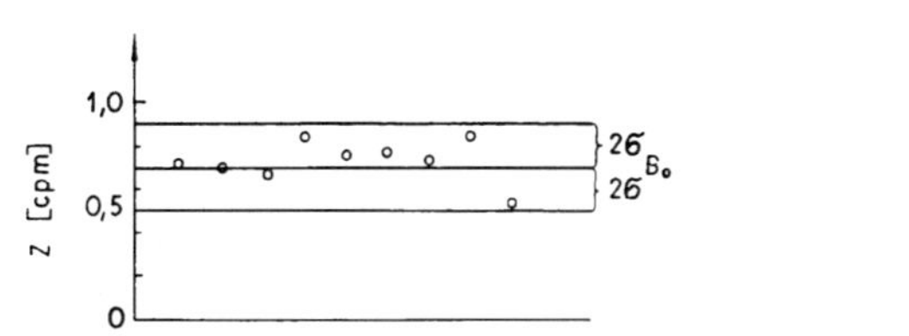

Abb. 7. Tritiumanalysen an Salzlösungsvorkommen in Kaligruben der DDR

In Abb. 7 sind Tritiummeßergebnisse von verschiedenen Lösungsvorkommen in Kaligruben wiedergegeben.

Wie ersichtlich ist, fallen sämtliche Meßergebnisse in den Streubereich der Untergrundzählrate, d. h., in allen Fällen konnte eine Speisung durch rezente Grundwässer sicher ausgeschlossen werden.

Eingegangen am 9. 5. 1984
Überarbeitete Fassung am 22. 6. 1984

Literatur

[1] *W. Riechel*, Neue Bergbautechnik **12** (1982) 218
[2] *F. Häfner*, Neue Bergbautechnik **12** (1982) 200
[3] *A. Zuber, J. Grabczak, M. Kolonko*, IAEA/SM/228-2 (1978)
[4] *H. D. Schmiedl, D. Hebert, I. Börner, K. Fröhlich, H. Jordan*, Patentanmeldung WP GO 1N/229803/3 v. 7. 5. 81
[5] *K. Fröhlich*, In: Proc. of a consultants group meeting on low-lewel tritium measurement, 24.–28. Sept. 1979, IAEA, Vienna 1981
[6] *D. Hebert, K. Fröhlich, H. D. Schmiedl*, Freiberger Forschungshefte C388, Leipzig 1983, 159

Isotopenpraxis **21** (1985) 3, S. 86 bis 87

Isotope Analysis on Nano-Mole Gas Samples

S. Halas

(Institute of Physics, Maria Curie-Sklodowska University Lublin)[1]

A technique of isotope analysis has been adopted for extremely small-size samples. Amounts of 50–100 nmol of CO_2 extracted from gaseous inclusions in natural quartz show $\delta^{13}C$ values around −24‰ which indicate an organic origin of this gas, while dispersed hydrocarbons extracted from Permian sediments (mainly CH_4) have $\delta^{13}C$ below −40‰.

Eine Technik der Probenumarbeitung von extrem geringen Gaseinschlüssenwurde für die Isotopenanalyse entwickelt. Mengen von 50–100 nmol CO_2 wurden aus Quarzeinschlüssen extrahiert und zeigten $\delta^{13}C$-Werte von rund −24‰, was auf eine organischen Ursprung hindeutet. Kohlenwasserstoffe – hauptsächlich CH_4 – wurden aus Perm-Sedimenten extrahiert und zeigen $\delta^{13}C$-Werte von weniger als −40‰.

Keywords

carbon 12; carbon 13; gases; isotope ratio; mass spectrometry

1. Introduction

A high precision method of isotope analysis of nano-mole quantities of condensable gases (CO_2, SO_2, SF_6 etc.) has been described recently by *Halas* and *Krouse* [1]. In this method, a long narrow tube (microcontainer) is utilized for sample storage, which is incorporated in the inlet system described by *Halas* [2]. A small gas sample, say 50–100 nmol, is loaded by immersing an U-shaped section of the microcontainer into liquid nitrogen or, more rapidly, by using a special device described by *Halas* and *Krouse* [3].

The isotopic analysis is performed similarly to that described by *McKinney* et al. [4], i.e. by alternate introduction of two gases from standard and sample lines. In order to avoid a rapid decay of the sample pressure in the microcontainer, the amount of sample being introduced through a capillary into the ion source is continuously replaced by another gas (pusher). As the pushing gas, helium or the same as analysed can be used.

In the first mode, due to diffusion, He dilutes the analysed gas resulting remarkable changes in the measured ratio (minor to major ion beam). However, this ratio appears constant for a long analysis time if the partial pressure of the sample gas is kept constant by increasing the total pressure.

In the second, more convenient mode, the analysed sample is gradually diluted by a pusher of different isotope ratio. For this reason, the measured ratio is a function of time, the shape of which depends on two parameters: Initial difference in isotope ratios between sample and pusher and the initial amount of sample. Both parameters can be precisely found by fitting a theoretical curve to the experimental data [1].

[1]) Address: 20-031 Lublin, Poland

2. Analytical procedures

At the UMCS laboratory, the method developed by *Halas* and *Krouse* [1] is currently used as a routine technique for the $^{13}C/^{12}C$ investigations of gaseous inclusions in minerals and of gaseous hydrocarbons dispersed in rocks. We use the second mode of this method since it was easier to automatize the measurement procedure. In the routine measurements, 50–100 nano-mole CO_2 is introduced into the microcontainer via the device described in [3]. After loading of a sample, the gas is allowed to warm up and homogenize throughout the microcontainer ($\approx$10 min). The total analysis consists of 6–10 measuring cycles (runs) of 60 s each.

The analysis starts from admitting of the reference gas into the ion source. Then, at the beginning of the first run for the sample, the input valve of the microcontainer is opened by the operator in order to push the sample by the reference gas. At this instant, the sample pressure adjusts itself to that of the reference gas. After a while, the equilibrium is achieved and the sample line of the inlet system is isolated from that of the reference gas.

In a single run, only 50 s is used for averaging of the isotopic ratio, the remaining 10 s is required to achieve a steady gas flow from the sample/reference line to the ion source. The inlet system developed by the author [2] does not possess a waste line thereby gas consumption is reduced at least 2 times. The rate of gas flow was adjusted, by crimping of the capillaries, to about 10 nmol/min at 30 Torr pressure in both lines of the inlet system. In these conditions, more than 50 per cent of initial amount of sample is introduced to the ion source during total analysis time.

A major part of isotope analysis at the nano-mole level is the preparation of CO_2 samples from original material. In the case of gaseous inclusions in quartz crystals, gases were released by heating of a coarse-grinded sample in a vacuum line up to 1000 °C. The apparatus originally designed for CO_2 preparation from $BaSO_4$ [5] has been found to be highly useful in this procedure because

(1) the platinum boat itself does not produce blanks,
(2) the purification procedure is the same.

Hydrocarbons are totally oxidized to CO_2 by the method described by *Wolacewicz* and *Halas* [6].

3. Results

The isotope composition of a sample is found by extrapolation of the averaged (in each run) $\delta^{13}C$ values back to beginning of the sample admission into the ion source. At this instant, the sample is not isotopically diluted by the pushing gas yet. Therefore the sample itself is compressed to the working pressure in the inlet system and introduced to the ion source at identical conditions to the reference gas. Gradually, however, the $\delta^{13}C$ values trend to zero due to diffusive mixing of the sample with the pushing gas (here: pusher = reference).

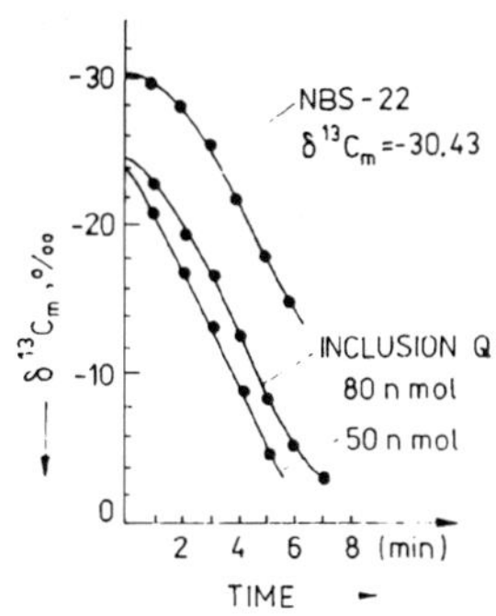

Fig. 1. $\delta^{13}C$ versus time

In Fig. 1, the $\delta^{13}C$ values versus time have been plotted for three samples: the NBS-22 isotope standard of absolute $\delta^{13}C = -29.81‰$ and doubly extracted CO_2 from gaseous inclusion in a natural quartz formed in Lower Silesian granite rocks.

The NBS-22 sample is used for calibration of the reference gas. For CO_2 produced from this oil, $\delta^{13}C = -30.43‰$ has been obtained when a large-size sample was introduced into the inlet system. The extrapolated value $\delta^{13}C = -30.5‰$ proves the accuracy of this method.

In the case of CO_2 extracted from quartz, the extrapolated values are around $-24‰$ PDB which indicates on organic origin of this gas.

Prior to this conference, only a few samples of hydrocarbons were analysis. A group of dispersed hydrocarbons, predominantly containing methane, the $\delta^{13}C$ value of which is about -45 per mil have been found in Permian sediments.

Acknowledgements

This work was supported by MR I·5 — Program (Warsaw University). The Author is grateful to Dr. *H. Roy Krouse* of The University of Calgary for providing some constructional elements of the inlet system. Mr *A. Calikowski* of IGNiG, Cracow, has suggested the study of dispersed hydrocarbons for discovering of natural gas resources.

Received July 9, 1984

References

[1] *S. Halas, H. R. Krouse*, Rev. Sci. Instrum. **54** (1983) 437
[2] *S. Halas*, J. Phys. E.: Sci. Instrum. **12** (1979) 418
[3] *S. Halas, H. R. Krouse*, Rev. Sci. Instrum. **55** (1984) 1160
[4] *R. C. McKinney, J. M. McCrea, S. Epstein, H. A. Allen, H. C. Urey*, Rev. Sci. Instrum. **21** (1950) 124
[5] *Y. Mizutani*, Geochem. J. **5** (1971) 69
[6] *W. Wolacewicz, S. Halas*, ZfI-Mitt. **84** (1984) 416

Isotopenpraxis **21** (1985) 3, S. 87

Buchbesprechung

Vom Faustkeil zum Laserstrahl
Die Erfindungen der Menschheit von A—Z

Stuttgart, Zürich, Wien: Verlag Das Beste 1982, 360 Seiten, über 600 histor. Abb. und Darstellungen. Format: 21,8 × 28,3 cm; DM 64,90

In diesem aus dem Englischen übertragenen Buch werden über 400 der wesentlichsten Erfindungen der Menschheit — alphabetisch geordnet — vorgestellt. Zu jeder von ihnen sind kurz und interessant beschrieben die geschichtlichen Fakten, ihre Funktionsweise sowie Weiterentwicklung und der Verwendungszweck angeführt. Es sind neben den bahnbrechenden Erfindungen, die sehr entscheidend dazu beitrugen, die Welt zu verändern, viele scheinbar unwesentliche Dinge wie die Schere, die Nadel, das Faß u. a. m., die aber dem Menschen unentbehrlich geworden sind, berücksichtigt.

Die Zahl der behandelten Erfindungen ist so groß, daß nicht jede von ihnen unter einem eigenen Stichwort zu finden ist. Wo es möglich war, sind mehrere unter einem übergeordneten Begriff zusammengefaßt. So findet man beispielsweise unter dem Stichwort „Teleskop“ das Spiegelteleskop, das Fernrohr und den Feldstecher und unter dem Oberbegriff „Verbrennungsmotoren“ den Otto-, den Diesel- und den Wankelmotor. Diese ohne eigenes Stichwort enthaltenen Erfindungen sind aber im Register am Schluß des Buches aufgeführt.

Das Hauptkapitel wird durch einige besondere Themen über herausragende Erfinderpersönlichkeiten, geniale oder seltsame Ideen, große Erwartungen, Triumphe und Fehlschläge mit jeweils einer oder zwei Seiten Umfang aufgelockert.

In einem weiteren Kapitel über Erfinder und ihre Schicksale wird der Leser mit den wesentlichsten und interessantesten Lebensdaten von 70 bedeutenden Pionieren des technischen Fortschritts bekannt gemacht.

Eine Zeittafel präsentiert die Erfindungen der Menschheit von der Steinzeit bis in unsere Zeit in chronologischer Folge.

Das Buch „Vom Faustkeil zum Laserstrahl“ ist ein populärwissenschaftlicher Führer durch Wissenschaft und Technik. Es klärt in Kurzform über die Technik des Alltags, in der Wirtschaft und in Wissenschaft und Forschung auf.

J. Holzhey

Isotopenpraxis 21 (1985) 3, S. 88 bis 91

A Study of the Effect of Aging on Insulin and Glucagon Release during Intravenous Glucose Tolerance Test

A. A. Hafiez, Z. El-Kirdassy, M. A. Abdel-Hafez, G. Megahed, K. R. Ashmawy, A. Ziada, E. Sheba,

(Biochemistry Dept. and Int. Medicine Dept. Kasr El-Aini Faculty of Medicine, Cairo-University, Cairo, Egypt)

Glucose intolerance in elderly had been reported by many investigators. In this study intravenous glucose tolerance test is done for 63 subjects classified into three groups; A (aged 20—40 years), B (aged 40—60 years) and C (aged above 60 years). Signifikant elevation of plasma glucose and insulin with progress of age, and reduction of glucose assimilation as well as insulin stimulating activity and insulin index were observed. No significant differences in plasma glucagon levels or glucagon suppression areas were found among the groups of study; this suggests that glucagon plays no role in reduction of glucose tolerance with aging.

Von vielen Autoren ist über die Glukose-Unverträglichkeit bei älteren Menschen berichtet worden. Im Rahmen der vorliegenden Untersuchungen wurde an 63 in drei Gruppen eingeteilten (A — im Alter von 20—40 Jahren; B — im Alter von 40—60 Jahren; und C — im Alter von über 60 Jahren) Personen die Glukoseverträglichkeit intravenös getestet. Es wurde eine wesentliche Erhöhung der Plasmaglukose und des Insulins mit zunehmendem Alter bei gleichzeitiger Reduzierung der Glukoseassimilation sowie der Stimulierung der Insulinproduktion und des Insulinindexes beobachtet. Bei den untersuchten Gruppen wurde kein wesentlicher Unterschied hinsichtlich der Plasma-Glukagon-Niveaus bzw. der Glukagon-Unterdrückungsgebiete festgestellt. Dies deutet darauf hin, daß das Glukagon in bezug auf die Verringerung der Glukoseverträglichkeit mit fortschreitendem Alter keine Rolle spielt.

Keywords

aging; antibodies; antigens; diabetes mellitus; glucagon; glucose; insulin; radioimmunoassay

Introduction

Glucose intolerance in old age has been noticed by *Spence* [1]. Since that time many studies have confirmed this original observation. *Boyns* et al. [2] showed higher fasting glucose concentration in old age. Progressive impairment of glucose tolerance with age was demonstrated by the oral glucose tolerance test [3] and the intravenous glucose tolerance test [4].

The mechanism of glucose intolerance in old age was the subject of several studies. Minor factors were proposed as decreased physical activity, poor diet and decreased lean body mass. However, none of these proved to play an important role. The result of studies of insulin secretion in old age were confilicting.

Glucagon might account for glucose intolerance accompanying the normal aging process. Yet, there are only few studies which have investigated the role of glucagon in the effect of aging on carbohydrate metabolism.

The aim of this work is to investigate the role of circulating insulin and glucagon and the tissue response to released insulin in the pathogenesis of impaired carbohydrate tolerance in the elderly.

Material and methods

This work was conducted on 63 healthy volunteers (25 females and 38 males). They were all in good health as determined by history, physical examination and routine investigations (urine, stools, blood picture, electrocardiogram, X-ray chest and abdomen, and fundic ophthalmoscopic examination). None had a family history of diabetes mellitus or medication known to alter their carbohydrate metabolism. They had normal activities for their age.

They were divided into 3 groups according to their age:

Group A: Included 20 individuals with their age ranging from 20—40 years (mean ±S.D.M.: 30·15 years ±6·16).

Group B: Included 21 individuals with their age ranging from 40 to 60 years (mean ±S.D.M.: 47·76 years ±5·9).

Group C: Included 22 individual with their age above 60 years (mean ±S.D.M.: 67 years ± 5·1).

They were prepared for three days prior to testing with a diet containing 300 g of carbohydrate daily. After an overnight fast, all tests were started between 8 and 8·30 a.m. An indewelling venous cannula was fixed in an antecubital vein. Specimens were taken into two tubes: one containing heparin only and the other containing heprin and aprotinin (Trasylol) in the ratio of 1000 I.U. aprotinin for every 1 ml blood to avoid the proteolytic effect of proteases on glucagon [5]. The fasting specimen was taken then glucose (25% solution) was injected in the other arm in dose of 0·5 mg/kg [6]. The injection was rapid taking from 3 to 5 minutes. After the end the injection specimens were collected throught the cannula at time intervals of 5, 15, 30, 45, 60, and 90 minutes from the end of the injection. The blood was immediately centrifuged and plasma separated. Glucose was estimated in each sample using the glucose oxidase method [7]. Radioimmunoassay procedure by double antibody technique was followed for estimation of plasma insulin [8] and glucagon [9] levels. Plasma for hormonal assay was kept at −20 °C till the time for assay.

Methods of Analysis of the Results

The mean fasting plasma glucose and insulin were compared using the student "t" test. For assessing the glucose utilization in percent per minute *Kg*-values were calculated [10], the response of the B-cells to the glucose load was assessed by plotting the insulin and glucose curves on plain graph paper and obtaining the following parameters using planimetry:

a) Insulin area [11]: This is the area over basal level in the insulin curve.
b) Insulin stimulating activity [12]: This is the area over basal level for thirty minutes divided by thirty.
c) Insulinogenic index [13]: This is the insulin area divided by glucose area.
d) To determine response of the alpha-cells to glucose we plotted the glucagon curve on plain graph paper and the area below basal level was measured by planimetry. We assumed this area represents the glucagon suppression area.

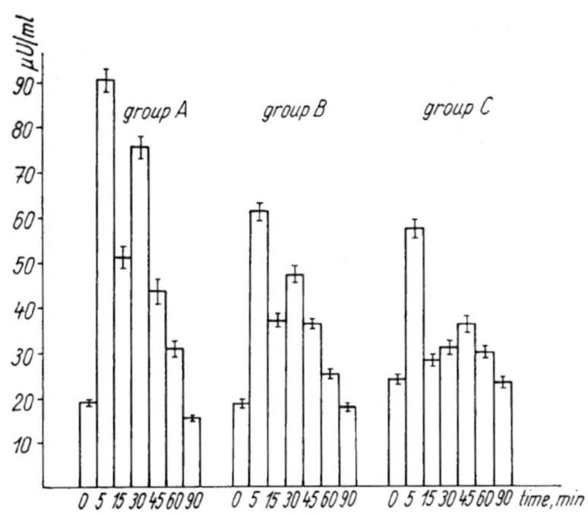

Fig. 2. Mean plasma insulin levels ± SEM (μU/ml) in different age groups during IVGTT

Results

Fasting plasma level of glucose (Mean ± SEM) were 71 ± 2·0, 80 ± 1·9 and 86 ± 2·8 mg/dl in group A, B, and C respectively Tab. 1, Fig. 1. Plasma glucose (PG) was significantly elevated in groups B & C compared to group A, but no significant difference was observed among groups B and C. Glucose assimilation (*Kg*) was significantly reduced in group C compared to groups A and B. But no significant difference among the latter two groups (Tab. 1) was observed.

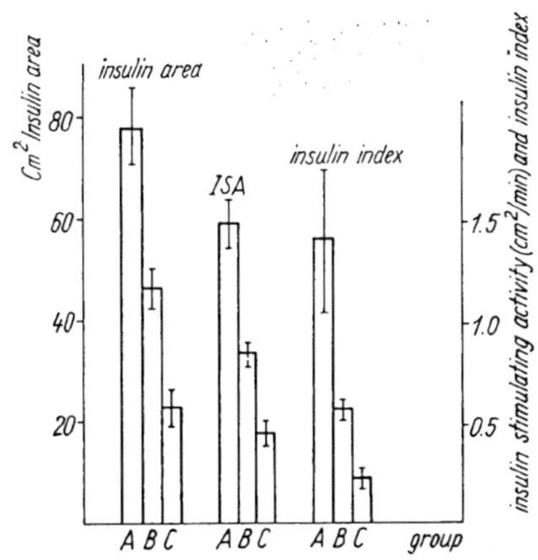

Fig. 3. Mean (± SEM) insulin area (IA), insulin stimulating activity (ISA) and insulinogenic index (II) in groups A, B, and C

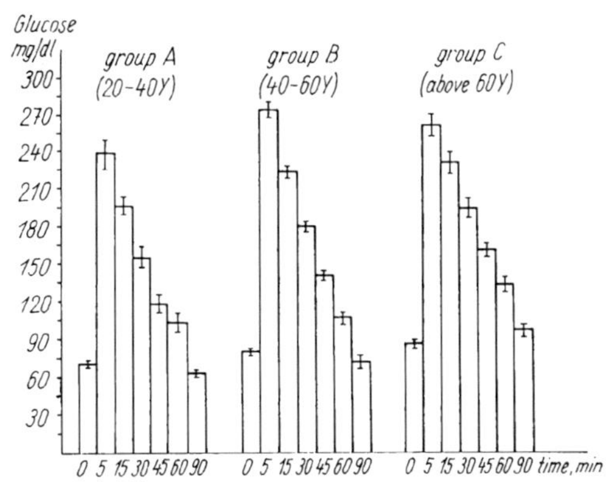

Fig. 1. Mean plasma glucose levels ± SEM (mg/dl) in different age groups during intravenous glucose tolerance test

Fasting plasma levels of insulin (Mean ± SEM) were 17 ± 1·0, 18 ± 1·3, and 23 ± 1·4 μU/ml in groups A, B and C successively Tab. 2, Fig. 2. It was significantly elevated in group C versus A and B, but no significant difference among A and B groups. Insulin stimulating activity and insulin index were significantly reduced in group C versus groups A and B, and in group B compared to group A (Tab. 2 and Fig. 3).

The mean (± SEM) of fasting plasma glucagon levels were 106 ± 7·38, 91 ± 2·43, and 93 ± 2·8 pg/ml in groups

Tab. 1. Plasma glucose (mg/dl) and glucose assimilation factor (*Kg*) during IVGTT

Group	Parameter	Fasting	5	15	30	45	60	90	*Kg*
A	Mean	71	241	199	157	120	106	65	1·7
$n = 20$	SDM	8·8	45	37	34	29	33	10	0·36
	SEM	2	10	8	7·6	7	7	2	0·08
B	Mean	80	275	226	181	142	109	71	1·6
$n = 21$	SDM	8·3	27·2	18·6	13·4	13·5	18·4	20·7	0·29
	SEM	1·9	6	4·13	3	3	4·1	4·6	0·07
	P_1	0·005							NS
C	Mean	86	261	233	197	161	135	97	1·0
$n = 22$	SDM	13·4	38	38	32	25	25	21	0·22
	SEM	2·8	8	8	7	5·4	5·2	4·5	0·05
	P_1	0·001							0·001
	P_2	NS							0·001

P_1 = vs group A
P_2 = vs group B

Tab. 2. Plasma insulin (µU/ml) IVGTT, insulin area, insulin stimulating activity (ISA) and insulin index

Group	Parameter	Fasting	5	15	30	45	60	90	Insulin Area	ISA	Insulin Index
A	Mean	17	90	51	75	44	31	15	79	1·5	1·42
$n = 20$	SDM	5	34	29	35	25	16	4	31·69	0·55	1·6
	SEM	1	8		8	5·6	3·6	1	7·04	0·12	0·35
B	Mean	18	61·5	35·7	47	35·6	24·8	16·9	47	0·84	0·57
$n = 21$	SDM	5·9	18	11·3	16·2	9·3	7·1	4·5	17	0·28	0·23
	SEM	1·3	4	2·5	3·6	2	1·6	1	3·8	0·08	0·05
	P_1	NS							0·001	0·001	0·01
C	Mean	23	56	28	31	36	28	23	22	0·45	0·23
$n = 22$	SDM	6·6	25	8·6	15	15	9	7	15·76	0·27	0·16
	SEM	1·4	5·5	1·8	3·2	3·2	2	1·6	3·36	0·06	0·04
	P_1	0·005							0·001	0·001	0·01
	P_2	0·02							0·001	0·001	0·001

P_1 = vs group A
P_2 = vs group B

Tab. 3. Plasma glucagon (pg/ml), and glucagon suppression area during IVGTT

Group	Parameter	Fasting	5	15	30	45	60	90	Glucagon Area
A	Mean	106	70	58	65	73	87	101	78
$n = 20$	SDM	33·21	22·42	26·19	25·61	23·31	30·24	27·11	44·39
	SEM	7·38	4·98	5·82	5·69	5·18	6·72	6·02	9·86
B	Mean	91	70	62	62	68	79	92	54
$n = 21$	SDM	10·95	12·09	9·04	9·58	10·8	9·41	9·42	14·81
	SEM	2·43	2·69	1·97	2·12	2·4	2·09	2·09	3·29
	P_1	NS							NS
C	Mean	93	73	66	69	74	79	86	57
$n = 22$	SDM	13·19	10·42	11·43	12·31	12·08	12·15	14·18	30·62
	SEM	2·8	2·22	2·43	2·62	2·57	2·59	3·02	6·51
	P_1	NS							NS
	P_2	NS							NS

P_1 = vs group A
P_2 = vs group B

A, B, C respectively. No significant alterations were found on statistical analysis among the groups. Glucagon suppression areas were 78 ± 9·86, 54 ± 3·29, and 57 ± 6·51 cm² in groups A, B, and C successively, with no statistical differences (Tab. 3, Fig. 4).

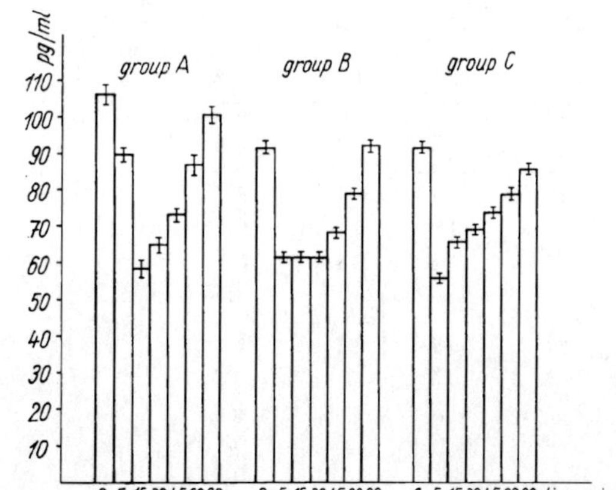

Fig. 4. Mean plasma glucagon levels ± SEM (pg/ml) in different age groups during IVGTT

Discussion

Aging is a normal physiological process which affects nearly all the normal physiological mechanisms in the human being. Carbohydrate metabolism in one of these important processes which are affected in the elderly. Its importance lies in the fact that many of the elderly normal subjects may be considered diabetic (77 percent in the study of *Streeten* et al. [14]) if conventional criteria for the diagnosis of diabetes mellitus are used in these individuals.

Although some studies [15] could not demonstrate the effect of aging on fasting plasma glucose concentration, in our study fasting plasma glucose was significantly higher ($P < 0{\cdot}001$) in the older group (C) than in the young group (A). This contradiction may be due to the fast that the rise in the fasting plasma gluccse level during aging is as small as 1 mg/100 ml/decade [16]. Glucose utilization (Kg) was also found significantly lower ($P < 0{\cdot}001$) in group (C) than grcup (A). This agrees with other similar studies [4] and [17].

Fasting plasma insulin was found significantly higher ($P < 0{\cdot}005$) in group (C) than group (A). Thus, in the fasting condition group (C) showed higher plasma glucose and insulin levels than group (A). This points to the inability of the aged subjects to utilize glucose inspite of abundant circulating insulin, a condition which was pointed to by *Pagano* et al. [18] as an insulin resistant state. They assumed this to be due to fewer insulin receptors in the aged. *De Fronzo* [19] using the "hyperglycemic-clamp" technique also demonstrated that elderly individuals were unable to utilize secreted insulin.

The response of the beta-cells to a glucose load was found lower in the elderly using the insulin area, insulin stimulating activity and insulinogenic index. These were all statistically significantly reduced. This disagrees with the study of *Streeten* et al. [14] who considered that the elderly have a higher insulin response to glucose. However, their assumption was based on the serum level of insulin-like activity in a single specimen twenty minutes after the intravenous glucose bolus and this cannot demonstrate the change in insulin level or the total response of B-cells. Our results agree with *Kitahera* and *Adelman* [20] who also assumed this decreased response to be due to the presence of small islet cells less sensitive to glucose in the elderly. However, this was denied by *Lipson* et al. [21] and related the decreased response to the decreased intracellular cyclic AMP level in the elderly. However, this needs further investigation.

Insulin secretion in response to glucose load is thought to pass through two peak: The first peak is due to release of synthesized insulin in response to glucose [22]. Disturbance in mechanisms of protein synthesis will affect the second peak. This is supported in our study by the delay and decrease in value of the second peak in group (C) in comparison to group (A) and (B). This agrees with the studies of *Metz* et al. [23] and *Smith* and *Hall* [24]. However, both studies demonstrated the delayed diminshed response of insulin after oral glucose test in the elderly compared to the young.

The decreased or retarded protein synthesis mechanisms occurring in old subjects may be responsible for these two major factors, insulin being a polypeptide and the insulin receptors being a glycoprotein [10]. Yet, this is a subject which needs further study. Both transcription of RNA [25] and translation process [26], two steps in protein synthesis, are impaired in aging. This explains reduction of insulin synthesis and receptor formation. *Pagano* et al. [18] confirmed this assumption.

In our study there was no significant difference in the fasting plasma glucagon among the different age groups. This agrees with the study of *Dudl* and *Ensinck* [27] who also showed that there was no significant difference in the basal glucagon concentrations between young and old subjects. We used the glucagon suppression area to estimate the response of alpha-cells to intravenous glucose load. There was no significant difference between the different age groups.

Thus we assume that the carbohydrate intolerance occurring in old age is probably multifactorial in which insulin resistance plays the major role, but glucagon may play no role in occurrence of glucose intolerance.

Received March 28, 1984
Accepted in revised from June 27, 1984

References

[1] *J. Spence*, Qualt. J. Med. **14** (1920) 314

[2] *D. R. Boyns, J. N. Clossky, M. E. Abrams*, Br. Med. J. **1** (1969) 595

[3] *J. B. O'Sullivan, C. M. Mahan, A. E. Freedlender*. J. Clin. Endocrinol. Metab. **33** (1971) 619

[4] *F. A. Sliverstone, M. Brandfonbrener, N. M. Shock*, J. Clin. Invest. **36** (1957) 504

[5] *A. M. Eisentrant, N. Whissen, R. H. Unger*. Am. J. Med. Sci. **255** (1968) 137

[6] *J. Steinke, J. S. Soeldner*. In: "Harrison's Principles of Internal Medicine". *G. W. Thorn, R. D. Adams, E. Braunwald, K. J. Isselbacher*, and *R. G. Petersdorf* (eds.) 8th. edn. International Student Edition. McGraw Hill 1977

[7] *W. H. Warner, G. Rey, H. Wielinger*, J. Analyt. Chem. **252** (1970) 224

[8] *A. R. Midgley, R. W. Rebar, G. D. Niswender*, Acta Endocrinologica **142** (1969) 247

[9] *G. Faloona, R. H. Unger*, In "Methods of Radioimmunoassay". *B. Jaffe* and *H. Behrman* (eds.) Academic Press, New York (1974) 317

[10] *R. H. Williams, D. Porte*, In "Textbook of Endocrinology", W. B. Saunders Company. 5th. edn. Philadelphia (1974) 529

[11] *J. Szecowka, E. Sandberg, S. Efendic*, Diabetologia **12** (1980) 137

[12] *D. M. Rocha, G. R. Faloona, R. H. Unger*, J. Clin. Invest. **51** (1972) 2346

[13] *S. Efendic, R. Luft, E. Cerasi*, Diabetes **27** (1978) 319

[14] *D. P. Streeten, M. M. Gerstein, B. M. Marmor*, Diabetes **14** (1965) 579

[15] *K. Ikejiri, T. Yamada, H. Dogura*, Diabetes **27** (1978) 543

[16] *S. Marigo, F. Melani, E. Paggi*, J. Gerontol. **10** (1962) 415

[17] *R. Andres*, Med. Clin. North Am. **55** (1971) 835

[18] *G. Pagano, M. Cassader, A. Diana*, Metabolism **30** (1981) 46

[19] *R. A. De Frozo*, Diabetes **28** (1979) 1095

[20] *A. Kitahera, R. C. Adelman*, Biochem. Biophys. Res. Commun. **87** (1979) 1207

[21] *L. G. Lipson, M. J. Bush, A. Yoon*, Acta Endocrinologica **96** (1981) 222

[22] *I. Porte, A. Pupo*, J. Clin. Invest. **48** (1967) 2309

[23] *R. Metz, B. Surmaczynska, S. Berger*, Ann. Int. Med. **64** (1966) 1042

[24] *M. J. Smith, M. R. P. Hall*, Diabetologia **9** (1973) 387

[25] *J. Maynard-Smith*, Proc. Roy. Soc. B **157** (1962) 115

[26] *L. E. Orgel*, Proc. Mat. Acad. Sci. **67** (1970) 1476

[27] *R. J. Dudl, J. W. Ensinck*, Metabolism **26** (1977) 33

Isotopenpraxis **21** (1985) 3, S. 92 bis 95

A Reassessment of the Hepatobiliary Propensities of ^{131}I-Rose Bengal in the Rat

O. P. D. Noronha, A. B. Sewatkar

(Radiation Medicine Centre, Bhabha Atomic Research Centre, c/o Tata Memorial Hospital Annexe, Parel, Bombay 400012, India)

An appraisal of the potentialities and limitations of ^{131}I-Rose Bengal has been carried out on the basis of its pharmacokinetics in the rat. The agent is not an ideal hepatobiliary radiopharmaceutical despite its (once) widespread use in clinical nuclear medicine. And hence, a change in the radio nuclidic label would not improve its biological properties.

Eine Einschätzung der Möglichkeiten und Grenzen von ^{131}I-Bengalrosa wurde auf der Grundlage seiner Pharmakokinetik bei Ratten vorgenommen. Dieses Agens ist kein ideales Leber-Galle-Pharmakon, trotz seiner (einst) weitverbreiteten Verwendung in der klinischen Nuklearmedizin. Daher würde auch eine Veränderung der Radionuklid-Markierung seine biologischen Eigenschaften nicht verbessern.

Keywords

bile; iodine 131; liver; pharmacology; radiopharmaceuticals; Rose Bengal; thyroid; urinary tract

Introduction

The radio-labelled dye, 4, 5, 6, 7-sodium tetrachloro 2′, 4′, 5′, 7′-tetra iodo fluorescein (^{131}I-Rose Bengal) has been considered to be a near-ideal radiopharmaceutical for evaluating the hepatocellular function and imaging the biliary system in nuclear medicine. With the advent of ^{99m}Tc-labelled hepatobiliary agents and gamma camera instrumentation its use has considerably declined. But many researchers have used radioiodinated (^{131}I) Rose Bengal as a reference standard to compare the characteristics of the new genre of ^{99m}Tc-radiopharmaceuticals [1 – 5]. They have faulted ^{131}I-Rose Bengal mainly on its physical properties; viz., the β^-, γ energy of ^{131}I, its physical $T_{1/2}$, dose to the patient [6, 7] etc. but seldom on its biological propensities. In order to rectify this lacunae the dye has been labelled with ^{123}I-a nuclide with better physical properties for organ-imaging, in order to use it in present day clinical practice [8, 9].

The in-vivo pharmacokinetics of ^{131}I-Rose Bengal in animals has not merited sufficient attention as compared with its widespread use in the clinical diagnosis of various hepatobiliary disorders [10]. All the same there have been a few good reports on some of these aspects as well [11, 12]. These reports, however, have not dealt extensively with the in-vivo behaviour of the agent (a labelled organic compound) over a prolonged time-period nor have the potentialities and limitations of the agent been critically explored. In order to arrive at a better understanding of these aspects vis-a-vis the labelled inorganics-^{99m}Tc-agents, we have initiated a study to screen and re-evaluate various inorganic and organic hepatobiliary radiopharmaceuticals in animals under different experimental conditions. The rat has been selected as the experimental animal because of its easy availability, despite the fact that it lacks a gall-bladder. This paper describes the pharmacokinetics of ^{131}I-Rose Bengal in the Wistar strain rat in more quantitative terms (relative to the earlier reported work) in order to re-assess its potentialities and limitations as a hepatobiliary agent in normal experimental animals.

Materials and Methods

Radioiodinated (^{131}I) Rose Bengal sodium salt was obtained from Isotope Group, B.A.R.C., Bombay 400 085. It had a radioactive concentration of 1·0 – 5·0 mCi/ml and a Rose Bengal content of $\approx$0·4 mg/ml. It was quality tested and certified for clinical use. Inbred Wistar strain rats (240 to 580 g) were used in this study. The rats were fed on a normal colony diet and received drinking (tap) water ad lib. They were not deliberately fasted before injection or sacrifice. Each rat was injected (i.v.) with 0·4 ml of a suitably diluted (in physiological saline) preparation of ^{131}I-Rose Bengal. It contained the following amounts of radioactivity – 5·0 µCi (those sacrificed at or before 2 days after injection), 10 µCi (4 – 8 days sacrifice), 25 µCi in the remaining rats. All the rats were individually housed in separate metallic cages with rice-husk bedding so as to absorb/retain their excreta. The cages were fitted with a hopper containing food and a waterbottle. The rats were sacrificed at different time intervals and the dissected organs counted in a γ-ray counter. The excreta was also monitored by counting the small cage at a convenient geometry from the detector.

Results and Discussion

The in-vivo pharmacokinetics of ^{131}I-Rose Bengal in the different tissues or normal rats sacrificed at 5 min to 24 h post injection are given in Tab. 1. As is well known a major portion of the activity is removed through the hepatobiliary route of excretion. The tissue distribution pattern reflects the extraction of the agent from the blood by liver parenchymal cells and its subsequent excretion phase into the small and large intestines comprising the gut. Its final evacuation as excreta into the cage is also included in Tab. 1. The activity in the blood subsequent to i.v. injection is rapidly extracted by the liver and steadily transported into the small and thence into the large intestines, from where it is expelled as fecal activity. It may be noted that there is peaking of the activity in the liver

Tab. 1. The temporal distribution of ^{131}I-Rose Bengal in the different tissues of the rat (mean ± s.d.)

Tissues	Percent administered dose at different time periods								
	5 min $n = 9$	15 min $n = 5$	30 min $n = 6$	60 min $n = 5$	2 h $n = 7$	4 h $n = 5$	6 h $n = 5$	18 h $n = 5$	24 h $n = 8$
Liver	61·1 ± 3·8	67·9 ± 2·6	48·9 ± 7·2	29·1 ± 6·7	14·5 ± 3·1	6·0 ± 1·1	5·0 ± 0·7	3·0 ± 0·8	3·3 ±,0·8
Small intestines	3·0 ± 0·6	13·5 ± 2·1	31·2 ± 6·2	50·5 ± 7·3	64·2 ± 3·0	16·6 ± 4·9	8·6 ± 6·0	2·9 ± 3.8	3·1 ± 1·8
Large intestines	0·4 ± 0·1	0·2 ± 0·1	0·9 ± 1·2	0·5 ± 0·2	1·3 ± 1·7	55·8 ± 5·7	63·4 ± 4·6	18·5 ± 10·8	24·6 ± 19·1
(Total gut)	(3·4)	(13·7)	(32·1)	(51·0)	(65·5)	(72·4)	(72·0)	(21·4)	(27·7)
Kidneys	1·7 ± 0·3	1·6 ± 0·2	1·7 ± 0·2	1·7 ± 0·4	1·5 ± 0·3	1·7 ± 0·2	1·4 ± 0·3	1·3 ± 0·5	1·4 ± 0·3
Bladder	0·1 ± 0·1	0·2 ± 0·1	0·2 ± 0·1	0·1 ± 0·1	0·4 ± 0·4	0·3 ± 0·4	0·2 ± 0·1	0·3 ± 0·2	0·1
Excreta	—	0·1	0·2 ± 0·2	0·3 ± 0·3	0·8 ± 0·9	1·9 ± 1·0	2·6 ± 1·7	57·0 ± 13·1	50·2 ± 19·5
Blood	28·0 ± 3·3	8·4 ± 1·8	5·9 ± 0·9	5·2 ± 1·0	3·2 ± 0·7	2·2 ± 0·3	1·9 ± 0·4	0·8 ± 0·1	0·8 ± 0·3
Lungs	1·2 ± 0·3	1·0 ± 0·3	0·8 ± 0·3	0·8 ± 0·2	0·5 ± 0·1	0·4 ± 0·2	0·3 ± 0·1	—	0·2 ± 0·1
Stomach	0·4 ± 0·2	0·8 ± 0·2	2·2 ± 1·2	2·3 ± 0·6	2·4 ± 1·0	1·1 ± 0·3	1·7 ± 1·1	—	1·5 ± 1·8
Spleen	0·3 ± 0·1	0·2 ± 0·1	0·1 ± 0·1	0·1	0·1 ± 0·1	0·1 ± 0·1	0·1 ± 0·1	0·1	0·1 ± 0·1
Thyroid	0·1	0·1	0·4 ± 0·3	1·1 ± 0·4	2·4 ± 1.4	4·0 ± 1·9	5·0 ± 1·3	8·7 ± 2·4	8·3 ± 2·4

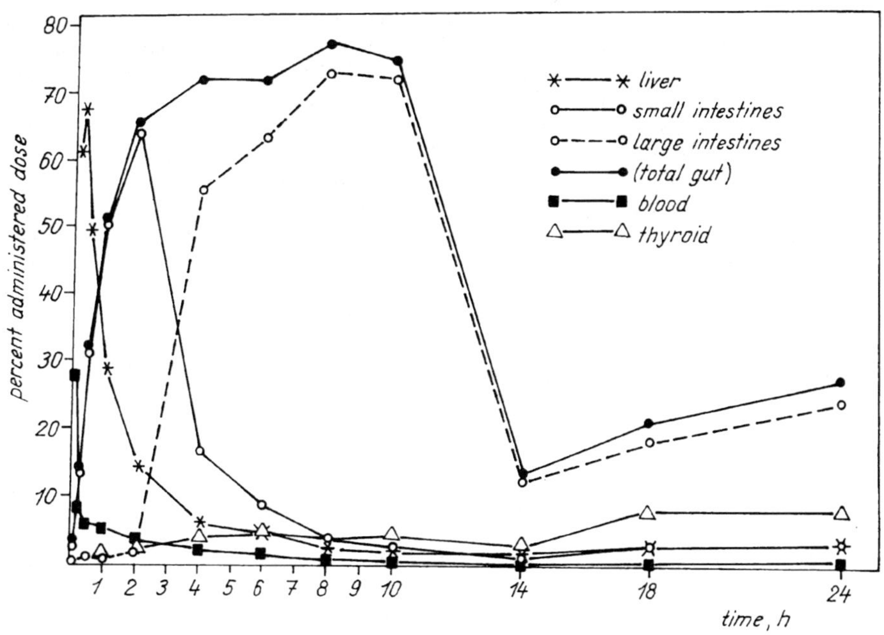

Fig. 1. The pharmacokinetic pattern of ^{131}I-Rose Bengal in the major tissues of the rat over a period of 24 h (mean values)

The data corresponding to 8, 10 and 14 h denote values obtained from two animals per point. The marginal increase in the values for the large intestines — and therefore the total gut — from 14 to 24 h may not be significant. These values are controlled by both voluntary and involuntary processes which regulate the transport and evacuation of the faecal mass.

at ≈15 min thereby signifying that there is a little retention of activity in the liver for a short length of time. The Fig. 1 shows a graphical representation of the uptakes in major and/or competing tissues like the blood, liver, small and large intestines and kidneys within the first 24 h post injection. It can be seen that ≈80% of the injected dose is excreted via the hepatobiliary pathway in 24 h. Also about 4–5% of the dose is eliminated by the urinary route of excretion within 4–6 h after injection. (The urinary component could be deduced from the/kidney + bladder + excreted activity in the first 4–6 h after i.v. adminstration.) Thereafter the cage-activity represents an admixture of both fecal and urinary components, but primarily the former during the first 24 h period after injection. Most of the activity injected into the rat is excreted within the first 48 h. The Fig. 2 depicts the distribution data in select organs with respect to time subsequent to 24 h. By this period the thyroid becomes the single organ showing the highest uptake. Thereafter there is a gradual decrease in the thyroidal activity. During this period the kidneys are also involved in the excretory process. A small component of the activity is also present in the liver. This pool has a long $T_{1/2}$.

A noteworthy feature of the tissue distribution data is the accumulation of activity in the thyroid gland with time. This is seen soon after administration of the labelled tracer, and in increasing amounts thereafter reaching a peak of ≈8·0% administered dose one day after administration.

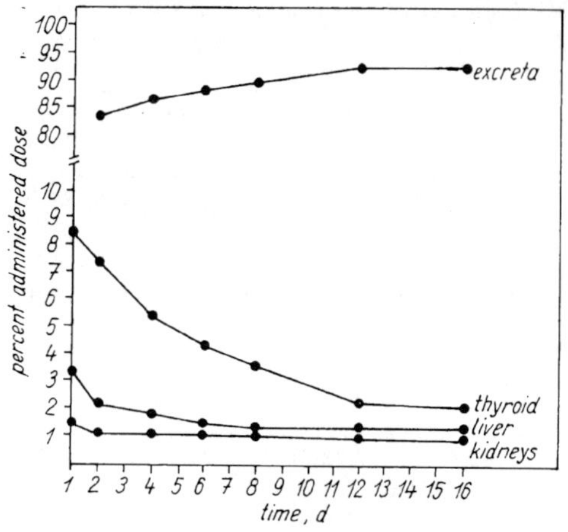

Fig. 2. Levels of the ^{131}I tracer select tissues and excreta of the rat over a time period of 1–16 days after i.v. administration of ^{131}I-Rose Bengal (mean values)

Since ^{131}I-Rose Bengal does not localise in the thyroid gland and the agent is stable in-vitro (the free iodide content was checked to be $< 1{\cdot}0-2{\cdot}0\%$ by paper electrophoresis) the thyroidal activity is due to the uptake of free iodide, $^{131}I^-$. This could have been brought about by in-vivo deiodination of the labelled dye. After attaining a maximum activity of $\approx 8\%$ administered dose in the thyroid it decreases with a $T_{1/2}$ of 4–6 days. It is possible that the uptake by the kidneys and liver (to a minor extent) throughout the study was dependent on the amounts of free iodide to start with and on the partial in vivo deiodination of ^{131}I-Rose Bengal subsequent to injection, the uptake of iodide anion by the thyroid gland and the metabolic fate of iodide anion [13]. Also the kidney and liver uptakes subsequent to 1–2 d after injection could be linked with the metabolic fate of thyroidal iodide pool.

Radioiodinated (^{131}I) Rose Bengal is a well characterised, documented and standard radiopharmaceutical product that has been clinically used for many years since its introduction by *Taplin* et al. [14, 15]. In the earlier years a lot of effort was extended in purifying the dye, labelling the proper component of interest, establishing its physical properties (UV-visible absorption) and evaluating its radiochemical purity, etc. [8, 9, 15–18]. The presently available material is the sodium salt of tetra chloro tetra iodo fluorescein. It is available in multidose vials as a solution dosage form containing 0·9% benzyl alcohol. The content of free iodide in a preparation is usually $< 2{\cdot}0\%$ [11, 12]. A shelf life of 30 d at 2–10 °C is usually recommended by the manufacturer.

The biological quality control of the product is still not included in the pharmacopeia [15]. And hence many a time in the earlier period it was tacitly accepted that the (radio) chemical assay procedures could portray its hepatobiliary rather than its overall biological behaviour. Therefore, radiochemical assays were extensively used for quality control of the product [15]. This implied a general lack of appreciation of the hepatobiliary propensities of ^{131}I-Rose Bengal in quantitative terms by radiopharmacists and radiochemists performing radiopharmaceutical assays. The early reports of bioassay, however, do give an index of its propensity and list its shortcomings. Most of these were in semi-quantitative terms and were not extensive in nature [11, 12, 19, 20]. A few latter day reports have compared its distribution behaviour with ^{99m}Tc-hepatobiliary agents in different animal species and have reported it minor non-biliary (thyroidal and kidney) uptakes as well [1–3, 5, 8, 10, 21]. Most of these studies were carried out over a short duration up to 3 h. Despite these apparent limitations it was considered to be a near-ideal agent for the hepatobiliary system, perhaps because of its widespread use and in the absence of more suitable agents.

An ideal hepatobiliary radiopharmaceutical is supposed to exihibit the following properties [3, 22]. The product must be easily available (or be prepared from a suitable kit, as in the case of ^{99m}Tc-preparations) and be stable in vitro and in vivo. The agent must be entirely cleared (relatively fast) from circulation by the hepatobiliary route without an accompanying urinary component or enterohepatic recirculation. The excretion pattern, must not be unduly perturbed or completly altered when challenged in vivo with increasing levels of bilirubin under pathophysiological conditions. In addition to these, good physical attributes associated with the radionuclide used ($T_{1/2}$, energy, amount injected etc.) aid in the detection and imaging (resolution, sensitivity) processes using appropriate equipment. There are virtually no ideal hepatobiliary agents available that fulfil all these criteria. In the absence of ideal agents, near-ideal or even slightly nonideal tracers could be fruitfully employed provided the deviations from ideality are known and the limitations under different normal/patho-physiological conditions of use are spelled out. This has indeed been the case with ^{131}I-Rose Bengal. It has been widely used in the clinical management of a variety of hepatobiliary disorders.

Radioiodinated (^{131}I) Rose Bengal also belongs to the non-ideal class of hepatobiliary agents. Despite the seemingly high percentage of hepatobiliary clearance consequent to an i.v. injection, only about 80% dose (liver + gut + excreted activity) is transported by this route within 24 h. Besides it has a small element of urinary excretion during the same period. In addition the urinary component is sustained even after 2 d after administration of the tracer perhaps owing to the kinetics of the iodide anion. A major disadvantage of ^{131}I-Rose Bengal is that it gets de-iodinated in vivo presumably by the liver dehalogenase type of enzymes. This is associated with inordinately high levels ($\approx 8\%$) in the thyroid gland at one day post injection. The kinetics of deiodination and iodide abstraction and accumulation play a minor role at early time periods (up to 2 h) but assume increasing importance thereafter as $^{131}I^-$ starts building up in the thyroid. One or two days after administration of the tracer the distribution of the in-vivo radioactivity is perhaps dependent to a greater extent on iodide kinetics — its release by the urinary route as reflected by the levels in the kidneys. Owing to these reasons a considerable amount of the injected dose is unavailable for biliary type of excretion. (The dose to the thyroid is avoided in actual clinical practice by pre-dosing the patient with cold *Lugol's* solution prior to the injection of the tracer.)

Some of the radiolabelled inorganics like ^{99m}Tc or ^{97}Ru-labelled hepatobiliary agents [23] have a few decided advantages over ^{131}I-Rose Bengal apart from those arising from the physical attributes of the radionuclide. Although many of them like ^{99m}Tc-HIDA or -diethyl HIDA, etc. are not too ideal agents with respect to their hepatobiliary behaviour, some of the more recently introduced agents like ^{99m}Tc-p-butyl-HIDA or -diisopropyl-HIDA or -bromotrimethyl-HIDA exihibit superior properties vis-a-vis ^{131}I-Rose Bengal — a controllable (usually faster) rate of excretion, a minimal urinary component etc. depending

Mitteilungen / Information

IAEA: FORTPFLANZUNG VON NUTZTIEREN IN LATEINAMERIKA:

Die IAEA hat 1984 durch ihre Abtlg. fuer techn. Zusammenarbeit und ihre Gemeinsame Abtlg. mit der FAO ein Netz von 13 Forschungsinstituten in neun verschiedenen lateinamerikanischen Laendern (Argentinien, Brasilien, Chile, Costa Rica, Ecuador, Mexiko, Peru, Uruguay und Venezuela) errichtet, um die Fortpflanzungsfaehigkeit der Nutztiere zu verbessern. Im Rahmen eines Regionalprogrammes erhalten staatliche Institute finanzielle und andere Mittel fuer die Forschung und die damit verbundenen Probleme. Ziel dieses Netzes ist es, neben der Inangriffnahme des Problems der niedrigen Fortpflanzungsfaehigkeit der Tiere, das bes. in kleinen Farmen auftritt, die heimische Forschung auf diesem Gebiet zu foerdern und eine wissenschaftl. Zusammenarbeit zwischen den Laendern herzustellen. Lateinamerika ist ein Gebiet mit einem unermesslichen und verschiedenartigen Tierbestand, in dem nicht nur die herkoemmlichen Tierarten (z.B. Rinder, Schafe, Ziegen und Wasserbueffel) vorkommen, sondern auch einheimische Arten wie z.B. das Lama, Alpaka und Vikunja. Tierprodukte in Form von Fleisch, Milch, Wolle und/oder Fellen sind in allen Laendern dieser Gegend wichtig. Sie versorgen die Bevoelkerung mit Nahrung und Kleidung und stellen eine wertvolle Exporteinnahme dar. Am wichtigsten aber ist die Tatsache, dass sie eine Arbeits- und Einnahmequelle fuer einen grossen Teil der aermeren Bevoelkerung, die in Land- und Berggebieten lebt, sind. Die Fortpflanzungsfaehigkeit der Nutztierproduktion ist jedoch unveraenderlich niedrig, das heisst, Kuehe haben jedes zweite bis dritte Jahr ein Kalb anstelle eines Kalbes pro Jahr. Ein Weg, die Nutztierproduktion zu erhoehen, waere, die Fortpflanzungsfaehigkeit zu verbessern. Analytische Methoden, die auf Isotopenanwendung basieren, sind von besonderer Bedeutung bei den Studien ueber Tierfortpflanzung. Diese Techniken sind einfach, billig, schnell und widerstandsfaehig. Die Messung wird in Form von Milch- und Blutproben vorgenommen. (IAEA-Pressekommunique (1984) 21)

Kurznachrichten / Newlets

Umlagerungs-Mechanismus:
1,3-VERSCHIEBUNG DER PHENYLGRUPPE IN BENZOYKETEN

Die degenerierte 1,3-Verschiebung der Phenylgruppe in Benzoylketen wurde durch C-13-Markierung nachgewiesen. Der Methylester der [3-C-13] Benzoylessigsaeure mit 90 Atom-% C-13 markiert, bildet bei der Blitzpyrolyse Benzoylketen, in welchem die Markierung etwa 1:1 auf das Keten- und das Keton-Carbonyl-C-Atom verteilt ist. Diese Umlagerung erfordert eine betraechtliche Aktivierungsenergie. Zwar sind suprafaciale 1,3-Verschiebungen nach den Woodward-Hoffmann-Regeln thermisch "verboten", doch sind sie in Ketenen wegen des Vorhandenseins orthogonaler p-Orbitale moeglich. (Nach: C. Wentrup u. K.-P. Netsch, Angew. Chem. 96(1984)10)

Isotopenproduktion:
EIR-ISOTOPENABTEILUNG IN NEUEM LABOR

Die Abtlg. Isotopenproduktion des Eidg. Instituts fuer Reaktorforschung (EIR) bezog Ende August 1984 ihr neues Laborgebaeude. Die Abtlg. hat die Aufgabe, radiopharmazeutische Praeparate herzustellen und zu vertreiben. Der Umsatz der radioaktiven Praeparate fuer die Medizin, die im EIR-Forschungsreaktor Saphir und mit dem Zyklotron des Schweizerischen Instituts fuer Nuklearforschung (SIN) produziert werden, stieg 1983 auf ueber 6,5 Mio sfr. Fuer 1984 wird ein Gesamtumsatz in Hoehe von 8 Mio. sfr erwartet. (Atomwirtschaft (1984) 11, S. 546)

Uranhexafluorid:
UF_6-CONTAINER GEBORGEN

40 Tage nach der Kollision der Autofaehre "Olau Britannia" mit dem franzoesischen Frachter "Mont Louis", die zum Untergang des Frachters innerhalb der internationalen Gewaesser an der belgischen Kueste vor Ostende fuehrte, wurde am 4.10.84 der letzte der 30 Behaelter mit UF_6 durch Taucher aus dem Schiffswrack geborgen. Die Bergung war wiederholt durch stuermische See unterbrochen worden. Nach Angaben des belgischen Umweltministeriums ist zu keiner Zeit in der Naehe der "Mont Louis" erhoehte Radioaktivitaet oder Saeure im Wasser festgestellt worden. Die Untersuchung der Behaelter in der Fabrikationsanlage der franzoesischen Cogema ergab keinerlei undichte Stellen. (Atomwirtschaft/Atomtechnik (1984) 11, S. K+U III)

Kernenergie:
IST ATOMSTROM BILLIGER?

Vor 10 Jahren entbrannte eine oft oeffentlich gefuehrte Diskussion ueber den Vergleich der Stromgestehungskosten von Steinkohlekraftwerken und Kernkraftwerken. Dabei stand zunaechst das Steinkohle-Verstromungsgesetz im Vordergrund. Spaeter meldeten sich Kernenergiegegner zu Wort, die nachweisen wollten, dass der Kernenergiestrom unwirtschaftlich ist. Eine Reihe von Arbeiten zur Abschaetzung der Stromgestehungskosten wurden publiziert. Die Bedeutung prognostischer Aussagen ueber die Entwicklung der Stromgestehungskosten hat abgenommen, weil gegenueber vor 10 Jahren die Erfahrungsbasis mit Kernkraftwerken und mit grossen Steinkohlebloecken (700 MW) breiter geworden ist. Im Jahre 1975 produzierten Kernkraftwerke in der BRD 21 TWh und 1984 ueber 85 TWh (Faktor 4). Im genannten Zeitraum haben sich die Anlagenkosten und die Brennstoffkosten wesentlich erhoeht. Die durchschnittliche nominale Verteuerungsrate pro Jahr in den letzten 7 Jahren ist nachfolgend aufgefuehrt:

Anlagenpreise	- Steinkohlekraftwerk	8,0%/a
" "	- Kernkraftwerk	11,6%/a
Brennstoffkosten	- Steinkohlekraftwerk	9,0%/a
" "	- Kernkraftwerk	10,0%/a

Bei Anwendung der ueblichen Berechnungsmethoden und der betrieblichen Abrechnung bekommt man Stromgestehungskosten fuer das Jahr 1983 (Betriebsbeginn) auf der Brennstoffbasis 1983, die fuer die verglichenen Kraftwerksarten nach wie vor im Grundlastbereich sehr verschieden sind (siehe Tabelle).

Kraftwerkstyp (Angaben in Pf/kWh)	Jahresnutzungsd.(h) 3500	5000	6500
Steinkohlenkraftwerk (2x700-MW-Bloecke)	18,3	15,2	13,8
Kernkraftwerk (1300-MW-Block)	15,6	11,5	9,5
Unterschied	2,7	3,7	4,3

(Nach: Prof. J. Bohn, Atomwirtschaft/Atomtechnik (1984) 11, S. K+U III)

Strahlenschutz:
STRAHLENBELASTUNG IN WOHNHAEUSERN

Im Rahmen der Strahlenschutzueberwachung des Kernforschungszentrums Karlsruhe und seiner Umgebung wurde die Strahlenbelastung in Wohnhaeusern durch natuerliche radioaktive Stoffe ermittelt. In einer umfangreichen Messkampagne wurden ca. 25 000 Dosismessgeraete in mehr als 5000 Wohnungen in Karlsruhe und Umgebung eingesetzt und die ermittelten Ergebnisse ausgewertet. Massgeblich fuer die Strahlenbelastung ist das aus den Baustoffen austretende sowie aus dem natuerlichen Untergrund stammende radioaktive Gas Rn, ein alphastrahlendes Zerfallsprodukt des U. Die gemessenen Rn-Konzentrationen trugen und tragen mit etwa 750bis1000 mrem/Jahr Lungendosis zur natuerlichen Strahlenbelastung der Bevoelkerung bei. Das entspricht einer effektiven Ganzkoerperdosis von 90-120 mrem/Jahr. die 2593 beruflich strahlenexponierten, ueberwachten Mitarbeiter des Kernforschungszentrums erhielten im Mittel eine arbeitsbedingte Strahlendosis von nur 41 mrem/Jahr (1983). 5000 mrem/Jahr sind der Grenzwert, der fuer beruflich strahlenexponierte Personen zugelassen ist. Extremwerte, die bei der Radonmessung in Wohnungen ermittelt wurden, lagen bei 2500 mrem/Jahr effektiver Ganzkoerperdosis. (Atomwirtschaft/Atomtechnik (1984) 11, S.K+U IV)

Historisches / Historical background

VOR 50 JAHREN - URANIUM-235 ENTDECKT

An UF_6 wurden mit einem Aston-Massenspektrographen Isotopenanalysen vorgenommen. Durch ein verbessertes Aufloesungsvermoegen und eine neue Funken-Ionenquelle konnten an den Elementen Au, Ce, Cd, Pt, Rh, Pd und U einige neue Isotope entdeckt werden, u.a. auch das U-235. Das neue Isotop erschien bei der Masse 117,5, also ein doppelt geladenes U-235. Dieses als Actinouran bezeichnete Isotop wurde bereits von E. Rutherford vorausgesagt, da es nicht der U-Ra-Reihe angehoeren konnte. Als Halbwertszeit wurde fuer U-235 damals $4{,}0 \cdot 10^8$a angegeben (heute $7{,}07 \cdot 10^8$a) und als relative Haeufigkeit 0,4 Atom-% (heute 0,715 Atom-%).
A.J. Dempster, Nature 136 (1935) 180 und
A.J. Dempster, Proc. Amer. Phil. Soc. 75 (1935) 755-767

Ankündigungen / Announcements

N E W J O U R N A L S :

Chinese Physics Letters (Letters Section of the Acta Physica Sinica)
1(1984)1, Springer-Verlag, Berlin, Heidelberg, New-York, Tokyo
The new monthly journal Chinese Physics Letters (CPL), edited by the Chinese Physical Society as a letters section of Acta Physica Sinica, is devoted to the rapid publication of short reports of important research in all fields of physics. It is published in English to further international exchange. For quickness the articles appear only in English - they are not translations of previously published Chinese papers.

TrAC (Trends in Analytical Chemistry)
Elsevier Science Publishers, Amsterdam
TrAC publishes short critical reviews and news on trends and new developments in analytical techniques, methods and instrumentation.

Reactivity of Solids, An International Journal of Fundamentals and Applications
1(1985), Elsevier Science Publishers, Amsterdam
The journal will cover all topics related to chemical reactions of mineral and organic solids in their different crystalline and amorphous states, particulary those factors that determine and modify their rates. Such topics would include:

Kinetics of reactions, nucleation and gowth involving solids. Role of defects and impurities.

Mechanisms of these reactions including coupling effects between elementary interface and bulk processes and between chemical processes, transport processes and heat transfer.

Studies of the factors and parameters that alter the rate of reactions of solids. Influence of spontaneous or imposed mechanical stress, i.e. mechano-chemical effects.

New pathways for the production of technically interesting solid materials. Reactivity under high pressure, in space, in mild or near ambient conditions, intercalation chemistry, etc.

New investigation methods and advances in instrumentation.

Veröffentlichungen / Publications

STAATLICHES AMT FUER ATOMSICHERHEIT UND STRAHLENSCHUTZ

SAAS - 318

Theoretical Studies on Fission-Product Migration in Nuclear Fuel - 42 S., 1984, H.-J. Schreiber

SAAS - 319

Interpretation of Soil-Type maps of forestry in terms of terrestrial gamma-ray dose rate - 39 S., 1984, D. Kopp et al.

SAAS - 320

Automatic α-spectrometry using surface barrier detectors - 16 S., 1984, R. Czarwinski et al.

SAAS - 321

Occupational radiation exposure in the GDR in 1981 - 26 S., 1984, K.-F. Poulheim et al.

SAAS - 324

Functions of the national board for atomic safety and radiation protection of the german democratic republic - 39 S., 1985

A N N U A L R E P O R T S :

Annual Report 1983, RISØ, Roskilde, Denmark, Chemistry Department RISØ-M-2431

Jahresbericht 1983, Kurzfassung, Ges. fuer Strahlen- und Umweltforschung mbH, Muenchen (u.a. Tracerkinetische Untersuchungen zum Eisenstoffwechsel des Menschen von E. Werner, P. Roth u. Chr. Hansen;
Zytogenetische Wirkung von Strahlen und chem. Substanzen von M. Bauchinger)

Wissenschaftlicher Ergebnisbericht 1983 des Zentralinstituts fuer Isotopen- und Strahlenforschung der AdW der DDR, Leipzig, ZfI-Mitteilung Nr. 90, Juni 1984 (u.a. Isotopen- und elementgeochemische sowie radiogeochronologische Untersuchungen an der Zinnlagerstaette Ehrenfriedersdorf von H. Schütze u.a., Einsatz ionisationsgasanalytische Methoden in der Mikroelektronik von H.-J. Grosse u.a., Zur Geschichte der kuenstlichen Radioaktivitaet von H. Koch, 50 Jahre kuenstliche Radioaktivitaet von G. Vormum, Frédéric und Iréne Joliot-Curie, eine biographische Skizze von K.-P. Dostal)

N E W B O O K S F R O M T H E I A E A :

SELECTION IN MUTATION BREEDING
Proedings of a Consultants Meeting organized by the Joint FAO/IAEA Division of Isotope and Radiation Applications of Atomic Energy for Food and Agricultural Development and held in Vienna from 21 to 25 June 1982.

NUCLEAR TECHNIQUES IN TROPICAL ANIMAL DISEASES AND NUTRITIONAL DISORDERS
Proceedings of a Consultants Meeting organized by the Joint FAO/IAEA held in Vienna from 13 to 16 June 1983.

CEREA GRAIN PROTEIN IMPROVEMENT
Proceedings of the final Research Co-ordination Meeting of the FAO/IAEA/GSF/SIDA held in Vienna from 6 to 10 December 1982.

NUCLEAR HEAT APPLICATION
Proceedings of a Technical Committee Meeting and Workshop held in Cracow 5-9 December 1983.

EXPANSION PLANNING FOR ELECTRICAL GENERATING SYSTEMS: A Guidebook
Technical Reports Series No. 241, 1984

NUCLEAR POWER PLANT INSTRUMENTATION AND CONTROLL: A Guidebook
Technical Reports Series No. 239, 1984

UNITED KINGDOM ATOMIC ENERGY AUTHORITY

SRD-R 300

Multiplet - A program for calculating large event trees - April, 1984, 15pp, S.F. Hall

AERE-M 3384

Investigation into the emission spectrum of light emitting diodes for possible use as a light source for optical plant measurements - April, 1984, 14pp, C.A. Diamond et al.

AERE-R 10912

The design of digital spatial filters for image enhancement - July, 1984, 28pp, S.F.Burch

AERE-R 11096

Caesium removol from Magnox pond water by ultrafiltration - May, 1984, 72pp, I.M. Reed

AERE-R 11126

values for compact geometry specimens to calculate the integral - June, 1984, 8pp, G.P. Gibson

AERE-R 11278

A physical interpretation of the structure and electronoptical data for spinel ($MgAl_2O_4$) - June, 1984, 48pp, S.J. Shaibani

JOINT INSTITUTE FOR NUCLER RESEARCH - DUBNA/USSR

E2-84-651

Experimental Studies of the Formation and Radioactive Decay of Isotopes with Z = 104-109
The formation and radioactive properties of "cold fusion" reaction products with Z = 104-109 have been investigated using a highly sensitive technique for detecting spontaneous fission ("on-line") and α-decay ("off-line"). It has been shown that all the isotopes with Z = 106-109 produced in these experiments, including the doubly-even $^{260}106$ and $^{264}108$, undergo mainly α-decay. Possibilities of synthesizing the heavier elements with Z > 109 are discussed - 1984, 16pp, Yu.Ts. Oganessian

P7-84-233

Experiments on the Synthesis of Element 108
The yields of the products of "cold fusion" reactions in ^{209}Bi and ^{208}Pb irradiations by ^{55}Mn and ^{58}Fe ions are determined by means of highly sensitive method of registrating spontaneous fission with $T_{1/2}\geq$ ms and α-decay of heavy actinide elements. Experimental observation of $^{255}104$ and $^{257}104$ (^{253}Es) isotopes shows that the odd-mass isotopes of element 108 with mass numbers 263 and 265, produced in the $^{209}(^{55}Mn,n)$ and $^{208}Pb(^{58}Fe,n)$ reactions, respectively, undergo α-decay with a considerable probability. The obtained results altogether with available data on the properties of the isotopes of elements 104 and 106 indicate the enhanced stability of the nuclei with Z = 108 against spontaneous fission - 1984, 4pp, A.G. Demin et al.

E7-84-307

On the Stability of the Nuclei of Element 108 with A = 263-265
In bombarding Bi-209 and Pb-207,208 targets by Mn-55 and Fe-58 ions the yields of "cold fusion" reactions have been determined using sensitive technique for detecting $T_{1/2}\geq 1$ ms spontaneous fission and the α-decay of heavy actinide elements. It has been shown that the A = 263-265 isotopes of element 108, including the even-even isotope $^{264}108$, undergo mainly α-decay. The obtained results, together with the known data on the properties of the isotopes of elements 104 and 106, provide evidence for the enhanced stability of the Z = 108 nuclei against spontaneous fission - 1984, 4pp, Yu.Ts. Oganessian et al.

Veranstaltungskalender – Tagungen – Lehrgänge / Calendar – Meetings – Courses

4th HUNGARIAN COMPUTER SCIENCE CONFERENCE
July 8-10, 1985, Gyoer, Hungary
The conference like its predecessors is devoted to the mathematical models in computer science and advanced computer applications in selected areas, e.g. automata and formal languages, knowledge engineering, programming methodology, microcomputer applications and other topics.
(Conference Bureau Prof. Imre Kátai, Computer Center of the L. Eötvös University, H-1117 Budapest, Bogdanfy ut 10/b)

WISSENSCHAFTLICHE TAGE 1985 DER TECHNISCHEN HOCHSCHULE "OTTO VON GUERICKE" MAGDEBURG
Im Rahmen der Wissenschaftlichen Tage 1985 sind folgende Veranstaltungen vorgesehen:

VII. Symposium "Verformung und Bruch"
vom 3. bis 6. September 1985
Themenkomplexe:
Mikrostrukturelle Aspekte von Deformations- u. Bruchprozessen,
Konzepte und Berechnungsmethoden der Bruchmechanik,
Dynamische Bruchmechanik,
Anwendung der Bruchmechanik

II. Wissenschaftliche Konferenz "Philosophie und Technik" am 5. und 6. September 1985
Theme:
Integration der Wissenschaften (Philosophische und historische Aspekte der Entwicklung der Technikwissenschaften,
Integration der Technikwissenschaften aus der Sicht der Einheit von wissenschaftlich-technischem, oekonomischem und sozialem Fortschritt.
Zur Integration von Technikwissenschaften und Gesellschaftswissenschaften.
Naehere Auskuenfte:
Technische Hochschule
"Otto von Guericke" Magdeburg
Tagungsbuero
3040 Magdeburg, PSF 124

INELTEC 85 UND SWISSDATA 85
Bereits zum zwoelften Mal wird in diesem Jahr Jahr in den Hallen der Schweizer Mustermesse in Basel die internationale Fachmesse fuer Elektronik und Elektrotechnik, INELTEC 85, vom 10. bis 14. September 1985, durchgefuehrt. Zehn Fachgruppen praesentieren:

Energieerzeugung - Energieverteilung, Installationstechnik - Energieanwendung,- Nachrichtentechnik - Steuerung, Regelung, Automatisierung - Bauelemente - Mess- und Prueftechnik - Leistungselektronik - Schulung, Dokumentation - Dienstleistungsbetriebe.
Gleichzeitig mit der INELTEC 85, jedoch räumlich getrennt, findet vom 10. bis 14. September 1985 die vierte SWISSDATA, Fachmesse fuer Datenverarbeitung in Industrie, Technik und Forschung statt.

Ausgewählte Beiträge / Recently published papers

Z. PHYSIK 235(1984)A317
The identification of element 108 - G.Muenzenberg et al.

J. CHEM. SOC. FARADAY TRANS. II 80(1984)Part 5
Non-adiabatic calculations upon the hydrogen molecular ion isotopically substituted by T, D and muonium - D. McKenna et al.

ISOTOPE GEOSCIENCE 2(1984)1
A 3-dimensional U-Pb discordia plane to evaluate samples with common Pb of unknown isotopic composition - J. Wendt

C and O isotope composition of pedogenic $CaCO_3$ from soil profiles in Nevada and New Mexico, USA - L.R. Gardner

Determination of isotopic ratios in the natural gas components CH_4 and N_2 separated by GC - G. Hut et al.

CANAD. J. CHEMISTRY 62(1984)6
S-33 and O-17 NMR study of liquid SO_2 - R.E. Wasylishen et al.

NATURE 310(1984)5978
The geology of nuclear waste disposal - W.F. Fyfe et al.

NATURWISSENSCHAFTEN 71(1984)7
NMR in the 80ies: new nuclei, new pulses - H. Guenther et al.

Regional differences in N and C isotopes on the continental shelf of the Gulf of Mexico - S.A. Macko et al.

DOKL. AKAD. NAUK SSSR 275(1984)5 (in Russian)
Sr-Isotopic composition. New avidence of impact origin of the popigai structure - A.J. Raikhlin et al.

Isotopic composition of Sr in some ore-bearing magmatic associationes of the primorie as an index of their genesis - N.G. Gladkov et al.

BUNSEKI KAGAKU 33(1984)5 (in Japanese)
Rapid determination of heavy water concentration by isotopic exchange reaction between liquid water and hydrogen using hydrophobic Pt catalyst - T. Takahaski et al.

KVANTOVAYA ELEKTRONIKA 11(1984)4 (in Russian)
A middle IR Laser utilizing isotopically substituled $^{15}NH_3$ molecules - M. Akhrarov et al.

IZOTÓPTECHNIKA 27(1984)3 (in Hungarian)
On the 25-th Anniversary of the Institute of Isotopes (1959-1984) - A. Veres

Production of Isotopes - T. Lengyel

Production of Technetium - L. Zsinka

Diagnostic Use of Technetium-99m - J. Toerkő

Some New Aspects of Radioiodine Production Technologies and Radioiodination - J. Miller

The Production of in vitro Radiophyrmaveuticals - G. Tóth

The Production of Labelled Organic Compounds - L. Bursics

Quality Control of Radiopharmaceuticals - T. Szarvas

A Study of Reliability of Radioimmunological Methods - K. Mohari

Isotopic Study of the Thyroid - J. Foeldes

Traditional Methods of Nuclear Cardiology - M. Istvánffy

Isotopic Study of the Lung - T. Hernády

Isotopic Study of the Kidneys - T. Hernády

ATOMNAJA ENERGIJA 58(1985)2 (in Russian)
Calculation of the Functionals of Neutron Flux by the Monte Carlo Method in Multiplying Systems Taking Into Account Given Geometric Parameters - L.V. Maiorov

Tritium Leakage in a Fusion Reactor - V.Yu. Martynenko et al.

Radiation Protection when Handling APS Radioactive Wastes - E.I. Vorobyov et al.

Measurement of the Np-237(n,2n) Np-236 (22,5 h) Reaction Cross-Section in the 7-10 MeV Neutron Energy Interval - N.V. Kornilov et al.

The Calculation of Neutron Yield from Thick Targets under the Action of 500-MeV Electrons - N.L. Emets et al.

Cross-Section of the Ni-58(n, p) Reaction in the 7-10 MeV Neutron Energy Range - N.V. Kornilov

The Influence of Activator Concentrations on Dosimetric Properties of Radiophotoluminescent Glass - N.Z. Andreyeva et al.

The Effect of Elastic Scattering Anisotropy on Neutron Slowing-Down Parameters - V.V. Kulik

Measurement of Np-237 to U-235 Fission Cross-Section Ratios in the 4-11 MeV Neutron Energy Range - A.A. Goverdovski et al.

Yields of Long-lived Radionuclides Upon Bombarding Be, C, Mg, Si and Sc with Charged Particles - I.O. Konstantinov et al.

REPROCESSING NEWS (1984)6
Die Verglasung hochradioaktiver Abfaelle - eine bewaehrte Technik

Die Wiederaufarbeitung von Schnellbrueter-Brennstoffen

ATOMWIRTSCHAFT/ATOMTECHNIK 29(1984)7
Die Kernenergie ist etabliert - H.-H. Hennies

Kernenergie verantwortungsbewusst nutzen - W. Wallmann

Sicherheitspolitik im kerntechnischen Bereich - F. Zimmermann

Kernkraftwerke in der Welt 1983 - A. Szeless u.a.

Entwicklungstendenzen beim Schnellen Brueter - W. Marth

Qualitaetssicherungssysteme - Mittel fuer eine integrierende Organisation von Kernkraftwerken - H.W. Adams

ATOMWIRTSCHAFT/ATOMTECHNIK 29(1984)8/9
Der Kernbrennstoffkreislauf ist formiert - G. Hildebrand

Wirtschaftlichkeitsfragen des Kernbrennstoffkreislaufs - K.P. Messer

Die Versorgung mit Natururan - K.-E. Kegel

Versorgung mit Anreicherungsleistung - H. Mohrhauer

Konzept und Stand der Wiederaufarbeitungsanlage WA-350 - J. Mischke

Betriebserfahrungen mit der Wiederaufarbeitungsanlage Karlsruhe - W. Schueller

Verbrennung von Ionenaustauscherharzen - M. Arnold u.a.

on their structure. But unlike ^{131}I-Rose Bengal they do not undergo disproportionation at least upto a period of 24 h — four physical $T_{1/2}$ of ^{99m}Tc. However, the in-vivo distribution characteristics of many of the ^{99m}Tc-agents are sometimes affected to a relatively greater extent in the presence of high bilirubin levels in patients [21, 24, 25].

Radioiodinated (^{131}I) Rose Bengal displays less than ideal hepatobiliary characteristics in rats. Although it is predominantly cleared by the hepatobiliary route of excretion a small component of activity gets eliminated by the urinary route as well. Its main disadvantage is that is undergoes in vivo dissociation because of which about 8% of the injected dose gets accumulated in the thyroid gland. (This could constitute a potential radiation risk if it holds true when extrapolated to humans.) The urinary and thyroidal component of the injected dose are hence unavailable for the hepatobiliary type of excretion in normals. Therefore, even if the radionuclidic label is exchanged for ^{123}I with superior physical properties, the biological nature of the agent would not be enhanced.

Acknowledgement: This work was supported in part by the Internationl Atomic Energy Agency, Vienna.

Received January 11, 1984

References

[1] *H. Kubota, W. C. Eckelman, K. P. Poulose, R. C. Reba*, J. Nucl. Med. **17** (1976) 36
[2] *E. Chiotellis, G. Subramanian, J. G. McAfee*, Int. J. Nucl. Med. Biol. **4** (1977) 21
[3] *R. W. Wistow, G. Subramanian, R. L. V. Heertum, R. W. Henderson, G. M. Gagne, R. C. Hall, J. G. McAfee*, J. Nucl. Med. **18** (1977) 455
[4] *C. Sawas-Dimopoulou, N. Papanicolaou, E. Chiotellis, G. Simitzis, A. Dassiou, K. Koutoulidis, A. Hadzilouka-Mantaka*, Int. J. Nucl. Med. Biol. **5** (1978) 240
[5] *R. B. Smith, J. Coupal, F. H. Deland, J. W. Triplett*, J. Nucl. Med. **20** (1979) 45
[6] MIRD Dose Estimate Report No. 7, J. Nucl. Med. **16** (1975) 1214
[7] *P. H. Brown, G. T. Krishnamurthy, V. V. R. Bobba, E. Kingston*, J. Nucl. Med. **22** (1981) 177
[8] *A. N. Serafini, W. M. Smoak, H. B. Hupf, J. E. Beaver, J. Holder, A. J. Gilson*, J. Nucl. Med. **16** (1975) 629
[9] *H. B. Hupf, P. M. Wanek, H. A. O'Brien*, Jr., *L. M. Holland*, J. Nucl. Med. **19** (1978) 525
[10] *H. Handmaker*, J. Amer. Med. Assoc. **17** (1975) 1172
[11] *A. G. Jacobson, R. L. Brent*, Amer. J. Roentgenol. **79** (1958) 1004
[12] *L. Meurman*, Acta Med. Scand. **167** (Suppl. 354) (1960) 7
[13] *J. Brown*, Endocrinology **58** (1956) 68
[14] *G. V. Taplin, O. M. Meredith* Jr., *H. Kade*, J. Lab. Clin. Med. **45** (1955) 665
[15] The U.S.P. XX (1980) Rockville, Md.: U.S.P. Pharmacopeial Convention Inc. 1979, p. 410
[16] *N. G. S. Gopal*, Int. J. Appl. Radiat. Isotopes **17** (1966) 75
[17] *C. N. Desai, M. Hegesippe*, Int. J. Appl. Radiat. Isotopes **19** (1968) 153
[18] Int. Atomic Energy Agency. Analytical Control of Radio-Pharmaceuticals. Proc. of a Panel, 1969, Vienna: IAEA 1970
[19] *L. M. Freeman, C. J. Kay, A. Derman*, J. Nucl. Med. **9** (1968) 227
[20] *J. W. Tse, L. I. Wiebe, C. Ediss, A. Shysli*, Int. J. Nucl. Med. Biol. **3** (1976) 134
[21] *W. C. Klingensmith III, A. R. Fritzberg, L. J. Koep*, J. Nucl. Med. **20** (1979) 314
[22] *A. R. Fritzberg, W. C. Klingensmith III*, J. Nucl. Med. **23** (1982) 543
[23] *E. R. Schahner, M. C. Gill*, J. Nucl. Med. **22** (1981) 352
[24] *L. Rosenthall, E. A. Schaffer, R. Lisbona, P. Rare*, Radiology **126** (1978) 467
[25] *M. Iio, H. Yamada, K. Kitani, Y. Sasaki*, Nuclear Hepatology-Clinical and Physiological Aspects of Liver Disease by Radioisotopes, Tokyo: Igaku Shoin Ltd. 1973, p 63

Isotopenpraxis **21** (1985) 3, S. 95 bis 99

Serum Levels of T_3 and T_4 among Workers of Contraceptive Pills Industry

E. Z. Abbas, A. Emara, Y. Z. Yassen, M. M. Amr, M. S. Karas

(Biochemistry and Occupational Medicine Departments, Faculty of Medicine, Cairo University, Cairo, Egypt)

Serum levels of thyroxine and triidothyronine were estimated in 24 workers engaged in contraceptive pills industry and 20 control subjects. Serum thyroxine in exposed subjects was significantly lower compared to its level in controls. On the contrary, triiodothyronine was significantly higher in exposed workers. So, it is concluded that exposure to the dust of contraceptive drugs, namely estrogen and progesterone, produced disturbances in thyroid gland function and thyroid hormone metabolism.

Die Serum-Niveaus von Thyroxin und Trijodthyronin wurden bei 24 Arbeitern der Industrie, die kontrazeptive Pillen herstellt, und bei 20 Kontrollpersonen ermittelt. Das Serumthyroxin-Niveau war bei den exponierten Personen wesentlich niedriger als bei den Kontrollpersonen. Andererseits war das Trijodthyronin-Niveau bei den exponierten Arbeitern bedeutend höher. So kann geschlußfolgert werden, daß der Staub kontrazeptiver Mittel, besonders von Östrogen und Progesteron, Störungen in der Funktion der Schilddrüse und im Schilddrüsenhormon-Stoffwechsel hervorruft.

Keywords

chemical industry; personnel; radioimmunoassay; thyroid hormones; thyronine; thyroxine; triiodothyronine

Serum levels of thyroxine (T_4) and triiodothyronine (T_3) were estimated by radioimmunoassay in 24 exposed workers engaged in contraceptive pills industry, and 20 non-exposed subjects as a control group. Results show that the serum levels of T_4 in exposed group were significantly lower than the corresponding levels in control group. On the reverse, serum levels of T_3 in exposed workers were significantly increased relative to nonexposed subjects by comparing changes in males and females; T_4 was found to be decreased only among females after short duration of exposure (up to 2 years), while T_3 increased only among male group. After prolonged exposure, T_3 was increased in both sexes and T_4 decreased in female group only. The degree of changes were more prominent in workers of preparatory section (exposed to higher concentrations) than in workers of compressing section.

So, it is concluded that exposure to contraceptive drugs dust, namely estrogen and progesterone, produced disturbances in thyroid gland function and thyroid hormones metabolism.

Introduction

Till now there is controversy as regard the effect of estrogens and progesterone on thyroid functions. It has been reported by some authors that estrogens increase thyroidal activity [1, 2], while other investigators stated that estrogens produce a decrease in thyroid functions [3, 4]. A third group of workers has indicated that estrogens have no effects on thyroid gland activity [5, 6].

The effect of estrogens on thyroid was suggested to be mediated through their effect on the pituitary gland [7—10]. The biphasic action of estrogens on pituitary — thyroid function was demonstrated by many workers [8, 11]. They found that estrogen in low doses has a stimulatory effect on pituitary — thyroid functions, while in high doses produces the reverse.

It is reported that females receiving birth control pills (containing estrogen and progesterone) or estrogens and pregnant females have increased serum levels of thyroid binding globulin (TBG), protein bound iodine (PBI), total thyroxine (T_4) and total triiodothyronine (T_3) with decreased levels of the free fractions of T_3 and T_4 [12—16].

Emara et al. [17] found a significant increase in the plasma levels of estrogens in workers employed in the manufacture of contraceptive pills. So, the aim of this work is to study the effect of contraceptive pills powder on thyroid functions of exposed workers.

Materials and Methods

This work included twenty four workers (17 females and 7 males) who are concerned with the manufacture of contraceptive pills. Their ages ranged between 23 and 51 years (mean $\pm$ S.D. 36·3 $\pm$ 7·6 years) and the duration of exposure ranged from 8 months up to 12 years (mean $\pm$ S.D. 3·7 $\pm$ 4 years).

Twenty workers (15 females and 5 males) were selected as a control group from the same factory. They were never engaged in the manufacture of contraceptive drugs or hormones. Females have no history of previous use of contraceptive pills. The age of control subjects ranged from 20 to 40 years (mean $\pm$ S.D. 32 $\pm$ 6·5 years).

Each worker, exposed or non-exposed, was subjected to medical examination as well as occupational and medical histories. Fasting blood samples were collected from each one, allowed to clot, then certrifuged and separated serum is stored frozen at -20 °C.

Serum levels of total thyroxine (T_4) and total triiodothyronine were estimated by radioimmunoassay. T_4 estimation was on solid phase method (immunosorbent) and T_3 estimation was done using dextran coated charcoal method [18, 19].

The present study was carried among workers engaged in the manufacture of contraceptive pills in the Chemical Industrial Development (CID). In this factory three types of pills are manufactured namely; Anovlar 1, Gynanovlar 21, and Premovlar which contain estrogens and progesterone in the ratios of 1/20, 1/60 and 1/10 respectively.

Frequent measurements of the atmospheric concentration of the dust in the tablet department were done at the breathing zone of the workers. A lena konimeter model 10 (Zeiss-Jena) was used for sampling and several samples were taken at each site. Suspended dust of contraceptive pills in breathing zone during the processing of premovlar, anovlar, and gynanovlar were 180, 140 and 170 μg/m³ respectively. The mean levels of suspended dust particles below 10 μ in diameter in the preparatory and compressing section were 469 and 160; P.P. cm³ respectively. Chemical analysis of the suspended dust was non feasible.

Results

The results are presented in Tab. 1—4 and Fig. 1.

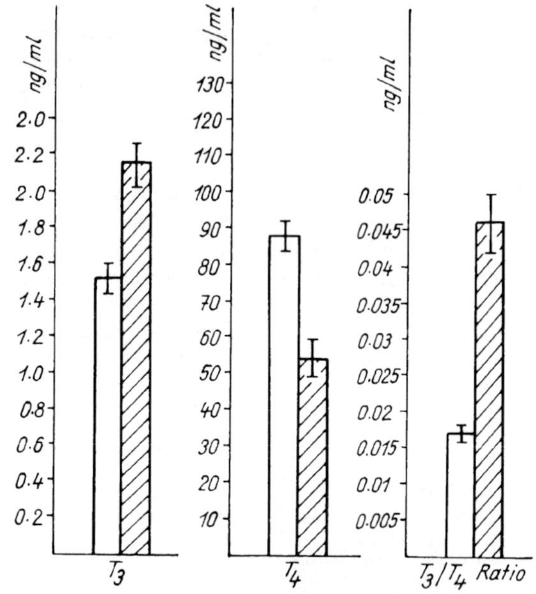

Fig. 1. The mean ($\pm$S.E.) serum levels of T_3, T_4 and T_3/T_4 ratio in normals and exposed subjects (hatched columns)

Analysis of Results and Discussion

In this study, serum levels of T_3 and T_4 (Tab. 1 and 2) show that there is a significant decrease in T_4 levels in workers exposed to contraceptive drugs (mean $\pm$ S.D. 53·7 ng/ml $\pm$ 24·28, $P < 0{\cdot}001$) compared to non exposed workers (mean $\pm$ S.D. 87·7 ng/ml $\pm$ 17·98). On the contrary there is a significant increase in T_3 levels in exposed group (mean $\pm$ S.D. 2·16 ng/ml $\pm$ 0·57, $P < 0{\cdot}001$) relative to control group (mean $\pm$ S.D. 1·52 ng/ml $\pm$ 0·37). These changes were further confirmed by the increase in T_3/T_4 ratio detected in the exposed persons (mean $\pm$ S.D. 0·046 $\pm$ 0·019, $P < 0{\cdot}001$) when compared to normal individuals (mean $\pm$ S.D. 0·017 $\pm$ 0·004).

Tab. 1. Serum levels of total thyroxine (T_4), total triiodothyronine (T_3) and T_3/T_4 ratio in nonexposed control group

Case No	T_3 ng/ml	T_4 ng/ml	T_3/T_4 Ratio	Case No	T_3 ng/ml	T_4 ng/ml	T_3/T_4 Ratio
1	1·6	91	0·021	11	1·6	58	0·028
2	2·1	119	0·011	12	1·3	85	0·015
3	1·3	91	0·014	13	0·9	85	0·011
4	1·8	105	0·017	14	0·9	49	0·018
5	2·1	105	0·020	15	1·3	79	0·016
6	2·0	98	0·020	16	1·4	86	0·016
7	1·4	97	0·014	17	1·7	74	0·022
8	1·2	94	0·013	18	1·2	77	0·016
9	2·2	118	0·017	19	1·3	90	0·014
10	1·6	90	0·018	20	1·6	63	0·025
Mean					1·52	87·7	0·017
S.D. $\pm$					0·37	17·98	0·004
S.E. $\pm$					0·008	4·02	0·001

Tab. 2. Serum levels of total thyroxine (T_4), total tri-iodothyronine (T_3) and T_3/T_4 ratio in workers exposed to contraceptive drugs

Case No	T_3 ng/ml	T_4 ng/ml	T_3/T_4 Ratio	Case No	T_3 ng/ml	T_4 ng/ml	T_3/T_4 Ratio
1	2·3	38	0·061	13	1·7	48	0·035
2	2·4	33	0·073	14	2·0	38	0·053
3	2·3	33	0·070	15	1·7	50	0·034
4	1·7	48	0·035	16	1·9	45	0·042
5	1·5	15	0·100	17	1·3	53	0·025
6	2·6	100	0·026	18	2·3	80	0·029
7	3·5	100	0·035	19	1·8	40	0·045
8	2·3	120	0·019	20	3·0	48	0·063
9	1·3	52	0·025	21	2·6	48	0·054
10	2·0	70	0·029	22	2·6	38	0·068
11	1·8	40	0·045	23	2·5	40	0·063
12	1·7	52	0·033	24	3·2	60	0·053
Mean			2·16		53·7		0·001*)
S.D.			0·57		24·28		0·019
S.E.			0·117		4·95		0·004
P			<0·001*)		<0·001*)		<0·001*)

*) significant changes

The exposed workers were classified according to their duration of exposure into two groups. The first one includes workers engaged in the manufacture of contraceptive pills for 2 years or less (Group I) and the second group engaged for more than 2 years (Group II). Each group was sub-classified according to sex into males and females. The aim of this classification is to study the effect of duration of exposure on thyroid functions and to compare these changes in both sexes.

In male workers (Tab. 3), there is a significant increase in the serum levels of T_3 in both exposed groups (I and II) with no significant changes in the serum levels of T_4 and in T_3/T_4 ratio. This indicates that exposure of males to contraceptive drugs dust has a slight effect on T_4/ production by the thyroid gland and it is more effective on the conversion of T_4 to T_3.

In female workers (Tab. 3), there is a significant decrease in serum levels of T_4 in group I and II which is more prominent in those exposed for longer duration (group II). Also, the increase in serum levels of T_3 is more marked in group II than in group I. So, prolongation of duration of exposure produced greater changes in thyroid functions in female workers.

The exposed workers were also classified into two groups. Group (A) including workers in the preparatory section and group (B) including workers in the compressing section (Tab. 4). Changes in the serum levels of T_3, T_4 and T_3/T_4 ratio were more marked in group (A) than in group (B). Group (A) showed a higher increase in serum levels of T_3 and T_3/T_4 ratio and more drop in the serum levels of T_4 when compared to normal controls and group (B). Since the workers of the preparatory section were exposed to higher concentrations of contraceptive drugs dust, one can conclude that the degree of changes detected is proportional to the degree of exposure (concentration of dust particles).

The drop in T_4 may be produced by a direct effect of estrogen and progesterone on the thyroid gland itself or through their effect on the pituitary gland.

Tab. 3. Serum levels of T_3, T_4 and T_3/T_4 ratio of males and females in control group and in exposed workers according to their duration of exposure

		control group		Exposed workers			
				Up to 2 years (Group I)		More than 2 years (Group II)	
		♂	♀	♂	♀	♂	♀
No. of Cases		5	15	3	11	4	6
T_3 (ng/ml)		1·44	1·55	2·8	1·8	2·4	2·37
S.D.		0·21	0·42	0·6245	0·3550	0·7071	0·4179
S.E.		0·09	0·11	0·3636	0·1070	0·3536	0·1706
	P_1		<0·60		<0·025*)		<0·95
	P_2			<0·01*)	<0·20	<0·05*)	<0·001*)
	P_3					<0·5	<0·02*)
T_4 (ng/ml)		78·0	90·9	86	48·7	63·75	40·0
S.D.		10·6	19·0	42·7551	8·8101	36·372	6·7823
S.E.		4·74	4·91	24·6847	2·6564	18·1859	2·7689
	P_1		<0·10		<0·20		<0·30
	P_2			<0·80	<0·001	<0·60	<0·001
	P_3					<0·50	<0·05
T_3/T_4		0·019	0·017	0·041	0·037	0·052	0·061
S.D.		0.0046	0·0044	0·025	0·009	0·0342	0·0135
S.E.		0·0021	0·0011	0·014	0·002	0·0171	0·0055
	P_1		<0·50		<0·99		<0·60
	P_2			<0·20	<0·10	<0·10	<0·001*)
	P_3					<0·70	<0·001*)

P_1 – male to female in the same group
P_2 – relative to the same sex in control group
P_3 – between the same sex in both groups of exposed workers
*) significant changes

Tab. 4. Serum levels of T_3, T_4 and T_3/T_4 ratio in normal control and in workers of preparatory and compressing sections

	Normal Control	Preparatory Section (Group A)	Compressing Section (Group B)
No. of cases	20	8	16
T_3 (ng/ml)	1·52	2·25	2·13
S.D.	0·37	0·4106	0·6476
S.E.	0·08	0·1452	0·1619
P_1		<0·001*)	<0·005*)
P_2		<0·60	
T_4 (ng/ml)	87·7	39·63	60·75
S.D.	17·98	5·2082	27·0715
S.E.	4·02	1·8414	6·7678
P_1		<0·001*)	<0·005*)
P_2		<0·005*)	
T_3/T_4	0·017	0·058	0·041
S.D.	0·004	0·0121	0·0209
S.E.	0·001	0·0043	0·0052
P_1		<0·001*)	<0·001*)
P_2		<0·02	

P_1: compared to normal control
P_2: workers of preparatory section compared to workers of compressing section
*) significant changes

The effect of estrogen and progesterone on thyroid functions is still under discussion as the degree of affection is dependent on the dose given. However, our results are in agreement with the reports of many authors who found that estrogens produce a decrease in thyroid functions [3, 4]. A relatively low dose of estradiol benzoate (0·064 μg) elevated the pituitary and plasma TSH levels and induced thyroid hyperplasia [8]. On the other hand a higher dose of estrogen (0·264 μg) produced an inhibitory effect on pituitary – thyroid functions. This inhibition was manifisted by decrease in TSH content of adenohypophysis, decrease in plasma TSH levels, and involution of the thyroid gland [8]. Similarly, *DeGroot* and *Stanbury* [11] demonstrated the biphasic action of estrogen on TSH secretion and showed that this action was accompanied with appropriate histological alteration in the thyroid gland.

The detected drop in serum levels of T_4 in exposed workers may also be due to increased urinary excretion and loss. This suggestion agrees with the finding that during pregnancy, where estrogen and progesterone are elevated, there is increase in the urinary loss of thyroxine [14–20]. This is explained by proteinuria [20] or attributed to the possible existance of filterable small molecular weight hormone binding substance in urine of pregnant patients [14].

However, estrogen and progesterone may affect the thyroid functions in different manner, that results in increased activity of the gland. Adminstration of estrogen resulted in an increase in thyroxine binding capacity of serum, an increase in the concentration of PBI, a decrease in the utilization of thyroxine and prolongation of thyroxine survival time, a decrease in the basal metabolic rate, an increase in the pituitary secretion of thyrotropin (TSH) and an increase in thyroidal activity [13]. Elevation of serum protein bound iodine level during pregnancy was also reported [21]. It is stated that the increase in circulating thyroxine binding globulin which occurs in pregnancy accounts for high serum levels of thyroxine [21] and triiodothyronine [22]. Less striking elevations of serum total thyroxine [23] and triiodothyronine [24] have been detected in subjects treated with estrogen. The increment in the serum concentration of thyroid hormones was found to be directly related to the level of circulating estrogen [25]. The exposure of our patients to high concentration of estrogens and progesterone for prolonged time may give an explanation to the detected drop in the serum levels of T_4 in exposed workers. This could be considered as a special condition, which is not similar to other works, that may results in different changes.

Our results are in agreement with many reports that detected an increase in the serum level of T_3 in pregnant or non pregnant females after administration of contraceptive pills or estrogens [22, 24, 25]. The drop in T_4 levels with concomitant increase in T_3 levels and T_3/T_4 ratio in the exposed group indicate enhancement of T_4 conversion to T_3. So, estrogen and/or progesterone may have some effect on the deiodination system that converts T_4 to T_3, or may increase T_3 production through their effect on the coupling mechanism inside the thyroid gland. It is stated that the level of monoidotyrosine (MIT) was increased after estrogen and progesterone [26]. Also, they activated the process of coupling in the way of production of T_3 from combination between MIT and DIT (Diiodotyrosine) on the expenses of production of T_4 from 2 molecules of DIT [26].

In the control group (Tab. 3), we have found that the serum levels of T_4 was higher in females (mean ± S.D. 90·9 ng/ml ± 19·0) compared to males (mean ± S.D. 78·0 ng/ml ± 10·6), with no changes in the serum levels of T_3.

The increase in the serum levels of T_4 in females compared to males could be explained by two facts. The first one is that estrogens in females produced increase in the thyroxine binding capacity of serum, increase in the PBI and increase thyroidal activity which will result in elevation of the serum levels of T_4. The second one is that testosterone in males produced the reverse. The effects of testosterone on thyroidal activity appears to be the oppcsite to that of estrogen. *Keital* and *Sharer* [27] detected a decrease in thyroxine binding capacity after administration of testosterone. Administration of methyl testosterone produced a fall in the serum PBI level secondary to decrease in thyroxine binding capacity of serum [28]. Also, it is reported that testosterone produced decrease in thyroidal ^{131}I uptake [1, 6]. So, the higher levels of T_4 in females compared to males in the control non-exposed group could be explained by the presence of estrogens in the former and testosterone in the latter.

The study of the serum hormonal levels of both sexes in exposed workers according to the duration of exposure (Tab. 3) has shown that the changes were more marked in the female group with prolongation of exposure time. This indicates that testosterone in physiological concentrations was able to minimise the effect of exposure to high concentration of contraceptive drugs dust.

By comparing the changes detected in exposed workers of both preparatory and compressing sections (Tab. 4), it was found that workers of the preparatory section have higher levels of T_3 and T_3/T_4 ratio and lower levels of T_4. Environmental studies proved that preparatory section contained higher concentration of contraceptive dust particles (469 P.P. cm^3) than compressing section (160 P.P. cm^3). So, exposure to higher concentration of contraceptive dust particles produced a higher degree of changes in thyroid hormone levels.

Finally, one can conclude that exposure to contraceptive drugs dust, namely estrogen and progesterone, produced disturbances in thyroid gland function and thyroid hormone metabolism. These changes were more marked in females than males especially after prolonged exposure and the changes were enhanced by exposure to higher contraceptive dust concentration.

Received November 2, 1983
Accepted in revised from May 2, 1984

References

[1] *J. D. Feldman*, Endocrinology **58** (1956) 327
[2] *I. M. Freedberg, M. W. Hamolsky, A. S. Freedbery*, New England J. Med. **256** (1957) 505
[3] *K. Brown-Grant*, J. Physiol. (London) **127** (1955) 390
[4] *B. A. Eskin, E. M. Bogdanour*, Endocrinology **59** (1956) 688
[5] *M. P. Delost, M. H. Delost*, C. R. Acad. Sci. (Paris) **245** (1967) 208
[6] *K. E. Pashkis, A. Contarow, W. C. Peacock*, Proc. Soc. Exp. Biol. Med. **68** (1948) 485
[7] *S. A. D'Angelo, J. S. Fisher*, Endocrinology **84** (1969) 117
[8] *J. S. Fisher, S. A. D'Angelo*, Endocrinology **88** (1971) 687
[9] *P. Grumbrecht, A. Loeser*, Arch. Exp. Pharmakol. **189** (1938) 345
[10] *A. H. Gross, M. D. Appleman, J. T. Nicoloff*, J. Clin. Endocr. **33** (1971) 242
[11] *L. J. DeGroot, J. B. Stanbury*, The Thyroid and its Diseases. Fourth Edition, a medimedia publications, Wiley Biomedical Division, John Wiley and Sons, New York, London, Sydney, Toronto 1975
[12] *J. T. Dowling, N. Freinkel, S. H. Ingbar*, J. Clin. Invest. **35** (1956) 1263
[13] *N. H. Engbring, W. W. Engstrom*, Endocr. **19** (1959) 783
[14] *J. F. Fincucane, R. S. Griffiths, R. S. Black*, Br. J. Obstet. Gyrecop. **83** (1976) 733
[15] *W. H. Florshein, M. A. Faircloth*, Proc. Soc. Exp. Biol. Med. **117** (1964) 56
[16] *D. E. Pochin*, Clin. Sc. **11** (1952) 441
[17] *A. Emara, A. Zaghloul, I. Haseeb, M. Batanouny, G. El Samra, M. M. Amr*, International Congress on Occupational Health 1981
[18] Tetrak-1-M Kit for radioimmunoassay of T_4 based on solid phase method (immunosorbent) CEA – Sorine – FRANCE
[19] Trik. Kit for radioimmunoassay of T_3 based on dextran – coated charcoal method. CEA-Sorine – FRANCE
[20] *R. A. Shakespear, C. W. Burke*, J. Clinic. End. Met. **24** (1976) 494
[21] *M. Heinemann, C. E. Johnson, E. B. Man*. J. Clin. Invest. **27** (1948) 91
[22] *C. J. Estman, J. M. Corcoran, A. Jecquier, R. P. Ekins, E. S. Williams*, Clin. Science and Molecular Medicine **45** (1973) 251
[23] *C. S. Hollander, A. M. Garcia, S. H. Sturgis, H. A. Selenkow*, New Eng. J. Med. **269** (1963) 501
[24] *V. C. Petal, H. G. Burger*, J. Clin. Endocr. Met **36** (1973) 187
[25] *R. W. Alexander, J. Marmorston*, J. Clin. Endocr. Met **21** (1961) 243
[26] Cecil Loeb, 13 ed, W. B. Sounders Company, 1971
[27] *H. G. Keitel, M. G. Sherer*, J. Clin. Endocrinol. Met. **17** (1957) 854
[28] *D. D. Federman, J. Robbins, J. E. Rali*, J. Clin. Invest. **37** (1958) 1024

Isotopenpraxis **21** (1985) 3, S. 99 bis 101

Enzymatische Hydrolyse von ^{15}N-markiertem Hefeprotein

K. Wutzke, W. Heine

(Wilhelm-Pieck-Universität Rostock, Bereich Medizin, Kinderklinik)[1]) (Direktor: OMR Prof. Dr. sc. med. J. Külz)

Es wird ein Verfahren zur enzymatischen Hydrolyse von ^{15}N-markiertem Hefeprotein beschrieben. Die Vorteile eines ^{15}N-markierten Eiweißhydrolysates als Tracer für die Ermittlung von Ganzkörperproteinstoffwechselparametern bei Frühgeborenen und Patienten mit Digestionsstörungen im Vergleich zu [^{15}N]Glycin, [^{15}N]Aminosäurengemischen und [^{15}N]Hefeprotein werden hervorgehoben.

A method providing enzymatic hydrolysis of ^{15}N labelled yeast protein is described. The advantages of the utilization of ^{15}N labelled protein hydrolysate for the determination of whole-body protein metabolism parameters of prematurely born subjects and of patients suffering from indigestion are stressed as compared with the utilization of [^{15}N]glycine, [^{15}N]amino-acid mixtures and [^{15}N]yeast protein.

Keywords

amino acids; digestion; hydrolases; labelled compounds; nitrogen 15; proteins; proteolysis; yeasts

1. Einleitung

Bei Stoffwechseluntersuchungen in der Pädiatrie, speziell zur Klärung der Dynamik des Proteinturnovers, erwies sich ^{15}N-markiertes Hefeprotein sowohl aus physiologischer als auch aus ökonomischer Sicht als echte Alternative zur Substitution des konventionellen [^{15}N]Glycins [1].

Wie in eigenen Untersuchungen [2, 3] und auch von anderen Autoren [4] gezeigt werden konnte, waren die berechneten Syntheseraten bei Säuglingen und Kleinkindern sowohl nach der von uns benutzten Kompartmentmethode [5–7] als auch nach der von den Mitarbeitern der London School of Hygiene and Tropical Medicine angewendeten Endproduktmethode mit Harnstoff als Endprodukt [8], nach Applikation von ^{15}N-markiertem Hefeeiweiß, übereinstimmend um 7% kleiner als nach Verabreichung von [^{15}N]Glycin.

Unter der Voraussetzung einer vollständigen Digestion und Resorption, die bei gesunden Kleinkindern gewährleistet sind, erscheint diese Differenz logisch, da Glycin außer zur Proteinsynthese auch noch für andere Stoffwechselwege als Metabolit dient, somit vermindert im Harn ausgeschieden wird und entsprechend größere Turnoverraten vortäuscht [3].

Die intensive und ausschließliche Incorporation als Tracersubstanz in den *metabolic pool* des Stickstoffs als Basisvoraussetzung für die Kompartmentanalyse [9] ist jedoch für das [^{15}N]Glycin auch aus anderen Aspekten umstritten. Der Transfer von Glycin-^{15}N auf andere Plasmaaminosäuren ist relativ gering [10]. Frühgeborene incorporieren in bestimmten Stoffwechselphasen Glycin

[1]) Anschrift: DDR-2500 Rostock 1, Rembrandtstraße 16/17

für die Synthese von Stützgeweben in erhöhter Menge, weshalb Glycin für diese Patienten den Charakter einer semiessentiellen Aminosäure gewinnt [11]. Dies führt zur verringerten kumulativen Exkretion des Tracers im Harn und somit zur Erhöhung der rechnerisch ermittelten Synthese- und Abbauraten. Dadurch werden die teilweise extrem hohen Eiweißsynth(seraten erklärt, die von *Pencharz* [15] und *Jackson* [11] beschrieben und auch von uns (unveröffentlichte Ergebnisse) bestätigt wurden. Die Verwendung markierter Eiweiße als Tracersubstanzen garantiert einerseits die komplette Markierung aller darin enthaltenen Aminosäuren, ist jedoch mit dem Nachteil der unvollständigen Digestion und Resorption belastet [7]. Ein Gemisch aus mehreren markierten Aminosäuren erfüllt daher die Prämissen der Kompartmentanalyse besser als [^{15}N]Glycin oder ^{15}N-markierte Eiweiße. Die alternative Verwendung von markierten Hefeeiweißhydrolysaten erscheint uns aus ökonomischen Gründen als bester Kompromiß.

2. Methodik

2.1. *Enzymatische Hydrolyse des ^{15}N-markierten Hefeproteins*

Das ^{15}N-markierte Hefeprotein, dessen Gewinnung wir bereits ausführlich beschrieben haben [1], wird in einer wäßrigen Suspension (1 g/100 ml) mit 1 N HCl auf einen pH-Wert von 1,5 eingestellt. Unter Schütteln gibt man Pepsin (50 mg/g) hinzu und inkubiert das so behandelte Eiweiß unter einer ca. 1 cm hohen Speiseölschicht 24 h bei 37 °C im Thermostaten. Im 6-Stunden-Rhythmus wird der pH-Wert korrigiert, wenig Pepsin zugesetzt und geschüttelt. Nach 24 Stunden erfolgt die pH-Wert-Umstellung mit 1 N NaOH auf 8,2 und ein Zusatz von Pankreon® forte (1500 Protease-Einheiten — 100 mg/g). Auch hier ist das gelegentliche Schütteln und die Kontrolle des pH-Wertes bei gleichzeitigem Zusatz kleinster Mengen Pankreon® erforderlich. Nach insgesamt 3 Tagen wird das inzwischen merklich klarer gewordene Hydrolysat bei 5000 U min^{-1} zentrifugiert. Mit einer Wasserstrahlpumpe kann das Speiseöl abgesaugt und das Hydrolysat vom Bodensatz dekantiert werden.

Das Hydrolysat wird für kurzfristige Verwendung bei −20 °C eingefroren. Für längere Lagerung empfiehlt sich eine Lyophilisierung.

2.2 *Stickstoff- und ^{15}N-Bestimmung*

Die Stickstoffbestimmung führten wir durch das Naßaufschlußverfahren nach *Kjeldahl* und die emissionsspektrometrische ^{15}N-Bestimmung nach *Faust* [12] durch.

2.3. *Bestimmung des Aminosäurenstickstoffs*

Die Bestimmung des Aminosäurenstickstoffs erfolgte nach Enteiweißung mit Dinatriumwolframat-Salzsäure-Reagenz [13] photometrisch durch die Messung der Extinktion nach Behandlung des Hydrolysates mit 2,4-Dinitro-1-fluorbenzen im Alkalischen.

3. Ergebnisse

Durch die Behandlung des ^{15}N-markierten Hefeproteins bei Körpertemperatur mit Pepsin bei pH 1,5 und mit Pankreon® bei pH 8,2 wurde das Eiweiß teilweise hydrolysiert. Der Hydrolysegrad, gemessen am Anstieg des Aminosäurenstickstoffs, betrug 36%. Die emissionsspektrometrische ^{15}N-Bestimmung des unhydrolysierten Eiweißes ergab einen Wert von 94,8 At.-%, die des hydrolysierten Eiweißes von 90,5 At.-%. Somit differierten die ^{15}N-Häufigkeiten nur um 4,3 At.-%.

4. Diskussion

Die Eiweißhydrolyse erfolgte in Anlehnung an *Crane* und *Neuberger* [14]. Zunächst wurde das Eiweiß der Behandlung mit Pepsin, dem wichtigsten Enzym des Magensaftes, unterzogen. Pepsin spaltet vorzugsweise Peptidbindungen, deren Aminogruppe aus einem Tyrosin- oder Phenylalaninrest stammt, obwohl keine direkte Spezifität vorliegt. Im zweiten Hydrolyseschritt wurde das Eiweiß mit den proteolytischen Extrakten des Pankreas in der Nähe des Neutralpunktes behandelt. Um das Eindringen von Keimen in das Hydrolysat zu unterbinden, wurde die Beschichtung der Oberfläche mit Speiseöl vorgenommen. Schon wenige Minuten nach dem Schütteln trat wieder eine klare Phasentrennung ein. Die Verwendung von Toluen als Beschichtungsmittel erscheint uns wegen der vorgesehenen oralen Applikation des Hydrolysates nicht vertretbar.

Die durch den Zusatz der Enzyme hervorgerufene Isotopenverdünnung durch ^{14}N-Enzymstickstoff von 94,8 At.-% auf 90,5 At.-% war relativ gering. Die Bestimmung des Hydrolysegrades durch die Aminosäurenstickstoffbestimmung mit 2,4-Dinitro-1-fluor-benzen erwies sich als geeignet, da diese Substanz nicht nur mit dem α-Amino-N der Aminosäuren, sondern auch mit der ε-Aminogruppe des Lysins, dem Imidazolring des Histidins, der Hydroxygruppe des Tyrosins, der SH-Gruppe des Cysteins, dem Iminostickstoff von Prolin und Hydroxyprolin und dem Stickstoff der primären Amine und Amide (Glutamin, Asparagin) reagiert.

Der so bestimmte Hydrolysegrad von ca. 36% scheint nicht sehr hoch, zumal *Crane* and *Neuberger* [14] 61% erreichten, ist aber voll ausreichend, wenn man berücksichtigt, daß das nicht vollständig zu Aminosäuren abgebaute Hefeprotein zumindest vorverdaut — also in Form von Oligopeptiden — vorliegt. Höhere Hydrolysegrade lassen sich durch Säurebehandlung erzielen. Dies würde die Isotopenverdünnung vermeiden, jedoch mit dem Nachteil der Zerstörung einiger Aminosäuren verknüpft sein.

Der durch die Behandlung mit 1 N NaOH und 1 N HCl leicht salzige Geschmack geht durch die spätere Supplementierung des Tracerhydrolysates zur Nahrung verloren.

Eigene Untersuchungen zur Ermittlung von Ganzkörperproteinparametern bei Frühgeborenen (unveröffentlichte Ergebnisse) haben die Notwendigkeit bestätigt, [^{15}N]Glycin als Tracer durch markierte Aminosäurengemische bzw. [^{15}N]Eiweißhydrolysate zu ersetzen. Die Verwendung mikrobiell synthetisierter Eiweiße nach Art des Hefeproteins erscheint dafür als einzig gängiger Weg [1—3, 6, 7, 16].

Der Einsatz von Mischungen ^{15}N-markierter Aminosäuren in der Zusammensetzung des Muttermilchproteins als Tracer für Eiweißstoffwechseluntersuchungen bei Frühgeborenen, wie wir sie derzeitig alternierend mit [^{15}N]Glycin durchführen, ist für die Praxis zu kostenaufwendig. Der Preis eines solchen Gemisches ist etwa 10mal höher als der von [^{15}N]Glycin. Die Kosten eines ^{15}N-markierten Hefeproteinhydrolysats mit [^{15}N]Ammoniumchlorid als Stickstoffquelle liegen dagegen in der Größenordnung des [^{15}N]Glycins.

Eingegangen am 22. 3. 1984

Literatur

[1] *K. Wutzke, W. Heine, T. Völker, F. Kreienbring, K. Krawielitzki*, Isotopenpraxis **20** (1984) 90

[2] *K. Wutzke, W. Heine, U. Drescher, I. Richter, Chr. Plath*, Hum. Nutrit.: Clin. Nutrit. **37 C** (1983) 317

[3] *K. Wutzke, W. Heine, U. Drescher, I. Richter, Chr. Plath*, ZfI-Mitt. Nr. 77, Leipzig 1983, 73–77

[4] *M. H. N. Golden, J. C. Waterlow, D. Picou*, in: Nitrogen metabolism in man. *J. C. Waterlow, J. M. L. Stephen* (eds.), Applied-Science Publishers, London and New Jersey 1981, 269–273

[5] *W. Hartig, H. D. Czarnetzki, H. Faust, K. Hirschberg, K. Jung, P. Junghans, K. Wetzel, H. Willgerodt*, DDR-Med.-Rep. **7** (1978) 563

[6] *W. Heine, I. Richter, Chr. Plath, K. Wutzke, H. J. Stolpe, M. Tieß, J. Töwe*, DDR-Med.-Rep. **12** (1983) 838

[7] *W. Heine, I. Richter, Chr. Plath, K. Wutzke, F. Oswald, S. Oswald, J. Töwe*, J. pediatr. Gastroenterol. & Nutrit. **2** (1983) 599

[8] *J. C. Waterlow*, Proc. nutrit. Soc. **40** (1981) 317

[9] *M. H. N. Golden, A. A. Jackson*, in: Nitrogen metabolism in man. *J. C. Waterlow, J. M. L. Stephen* (eds.), Applied Science Publishers, London and New Jersey 1981, 323–344

[10] *D. E. Matthews, J. M. Conway, V. R. Young, D. M. Bier*, Metabolism **30** (1981) 886

[11] *A. A. Jackson, J. C. L. Shaw, A. Barber, M. H. N. Golden*, Pediatr. Res. **15** (1981) 1454

[12] *H. Faust, H. Bornhak, K. Hirschberg, K. Jung, P. Junghans, P. Krumbiegel, R. Reinhardt*, ZfI-Mitt. Nr. 36, Leipzig, 1981

[13] *W. Tittelbach-Helmrich, M. Maaser, H. Senger, R. Fritzsche*, Zbl. Pharm. **122** (1983) 913

[14] *C. W. Crane, A. Neuberger*, Biochem. J. 74 (1960) 313

[15] *P. B. Pencharz, W. P. Steffee, W. Cochran, N. S. Scrimshaw, W. M. Rand, V. R. Young*, Clin. Sci. & Mol. Med. **52** (1977) 485

[16] *W. Heine, K. Wutzke*, DDR-Pat. 207004 (1984) IPK: C 12 P 13/04, 21/00

Kurze Originalmitteilungen

Isotopenpraxis **21** (1985) 3, S. 101

Synthesen radioaktiv markierter Verbindungen. 51. Mitt.*)
Darstellung von (U-^{14}C)p-Chloranilin

A. Unverricht, H. R. Schütte, J. Hartung, H. Gräser

(Institut für Biochemie der Pflanzen, Halle, der Akademie der Wissenschaften der DDR [1]) und Pädagogische Hochschule „Dr. Theodor Neubauer" Erfurt–Mühlhausen)

Keywords

carbon 14; labelled compounds; organic compounds; synthesis

Für Stoffwechseluntersuchungen an Pflanzen benötigen wir (U-^{14}C)p-Chloranilin, das aus (U-^{14}C)Anilin durch Umsetzung mit Essigsäureanhydrid zum Schutz der Aminogruppe, anschließende Chlorierung mit Chlorkalk [3] sowie Verseifung synthetisiert wurde.

Experimentelles

(phenyl-^{14}C)Acetanilid: zu einer Lösung von 232,5 mg (U-^{14}C)Anilin (I) (2,5 mMol; 19 MBq/mMol) in 3,3 ml wasserfreiem Benzen tropft man 0,244 ml Acetanhydrid (2,5 mMol). Die Lösung wird 2× kurz auf 80 °C erhitzt und danach 1 h stehengelassen. Nach dem Verdampfen des Benzens und der Hauptmenge der gebildeten Essigsäure im Vakuum kristallisiert man den kristallinen Rückstand (342 mg) aus 10 ml Wasser um, Ausbeute 333 mg (98,5%; dünnschichtchromatographisch rein; Silufol UV_{254}, Aceton: Hexan 4:6).

(phenyl-^{14}C)p-Chloracetanilid: Das Acetanilid löst man in 3,8 ml Eisessig und tropft in die Lösung unter Rühren und Kühlen im Eisbad eine Suspension aus 1,0 g Chlorkalk und 11 ml H_2O, wobei die p-Chlorverbindung auskristallisiert. Das Gemisch bleibt 20 h bei 5 °C stehen. Nach dem Absaugen der Mutterlauge, die die Hauptmenge der gleichzeitig gebildeten ortho-Chlorverbindung enthält, trocknet man den Rückstand im Vakuum. Die Restmenge der ortho-Komponente trennt man durch Extraktion des Rückstandes mit 10× 1 ml Hexan ab, wobei die p-Verbindung ungelöst bleibt. Trocknen im Vakuum ergibt 237 mg = 57% bezogen auf Acetanilid, dünnschichtchromatographisch rein.

(U-^{14}C)p-Chloranilin: Das erhaltene p-Chloracetanilid (237 mg) wird in 3 ml Methanol gelöst, mit 1 ml H_2O und 500 mg NaOH versetzt und 5 h am Rückfluß zum Sieden erhitzt. Nach Abkühlen setzt man 10 ml H_2O zu und extrahiert mit Chloroform. Nach dem Trocknen des Extraktes mit Na_2SO_4 und dem Verdampfen des Chloroforms im Vakuum erhält man 155 mg (=49% bezogen auf Anilin) (U-^{14}C)p-Chloranilin in farblosen Kristallen; spez. Radioaktivität 18,1 MBq/mMol; dünnschichtchromatographisch rein. Zusätzlich können 70 mg der markierten ortho-Verbindung gewonnen werden (22% bezogen auf I).

Eingegangen am 15. 2. 1984

Literatur

[1] *G. Franke, B. Schneider, H. R. Schütte*, Isotopenpraxis **19** (1983) 129

[2] *U. Pleiß, A. Teich, M. Stock, D. Groß, H. R. Schütte*, J. lab. Comp. Radiopharmaceuticals **22** (1983) 205

[3] *H. King, K. J. P. Orton*, J. Chem. Soc. (London) **99** (1911) 1380

*) 49. u. 50. Mitt. vgl. [1] und [2]

[1]) Anschrift: DDR-4010 Halle/Saale, Weinberg 3

Aus der Praxis

Isotopenpraxis 21 (1985) 3, S. 102 bis 103

Zur Neudefinition des Meters

Keywords

accuracy; calibration standards; helium-neon lasers; SI units; units

Am 20. Oktober 1983 hat die 17. Generalkonferenz für Maß und Gewicht in Paris eine neue Definition für die SI-Basiseinheit Meter angenommen:

> "Le metre est la longueur du trajet parcouru dans le vide par la lumière pendant une durée de 1/299 792458 de seconde."
>
> „Das Meter ist die Länge der Strecke, die Licht im Vakuum während der Dauer von 1/299 792458 Sekunde durchläuft."

Die seit 1960 gültig gewesene Definition

> „Das Meter ist gleich 1650763,73 Vakuumwellenlängen der Strahlung, die dem Übergang zwischen den Niveaus $2\,p_{10}$ und $5\,d_5$ des Atoms Krypton 86 entspricht"

wurde für ungültig erklärt.

Zur Entwicklung des Meters

Das Meter wurde 1799 in Frankreich als Abstand der Endflächen eines Platinstabes rechteckigen Querschnitts eingeführt. Die Länge dieses Stabes war, so gut es die Reproduktion zuließ, gleich dem zehnmillionsten Teil eines Viertels des Erdumfanges. Die erste internationale Definition des Meters wurde 1889 von der 1. Generalkonferenz für Maß und Gewicht angenommen. Auch hier handelte es sich um einen körperlichen Standard. Die Genauigkeit wurde verbessert durch Verwendung einer Platin-Iridium-Legierung anstelle von Platin, eines x-förmigen Profils anstelle des rechtwinkligen Querschnitts und der Ausführung als Strichmaß anstelle des Endmaßes. Das „Meter-Prototyp" war bis zum Jahre 1960 im Gebrauch. Die Unsicherheit der Lage der beiden Striche, die das Meter einschließen, wurde zu 0,1 µm abgeschätzt. Mit der Nutzung optischer Strahlungen für metrologische Zwecke und der Entwicklung der optischen Interferometrie erlangte die genaue Kenntnis der Wellenlängen optischer Strahlungen immer mehr Bedeutung. Die Genauigkeit interferentieller Messungen war begrenzt durch die Genauigkeit, mit der optische Wellenlängen mit dem Meter-Prototyp verglichen werden konnten. 1960 war die Zeit herangereift, das Meter von einem körperlichen Normal zu lösen und an eine Naturkonstante zu binden. Die von der 11. Generalkonferenz angenommene Wellenlängendefinition war 100mal genauer als der Prototyp. Es war zugleich der erste Schritt, physikalische Einheiten mit Naturkonstanten zu verbinden. Inzwischen ist auch die Sekunde an eine Naturkonstante gebunden.

Etwa zur gleichen Zeit wurden die ersten Gaslaser mit kontinuierlicher Strahlung entwickelt. Es zeigte sich sehr bald, daß mit dem Laser eine Strahlungsquelle hoher spektraler Reinheit, höherer Strahlungsleistung und leichterer Handhabbarkeit zur Verfügung stand, deren meßtechnische Eigenschaften denen der Kryptonstrahlung weit überlegen waren.

Im Jahre 1969 wurde die Wellenlänge eines frequenzstabilisierten He-Ne-Lasers mit der Wellenlänge der Kryptonstrahlung verglichen, und 1972 konnte die Frequenz dieser Laserstrahlung durch Vergleich mit dem Cäsiumnormal, das die Sekunde definiert, gemessen werden. Da die Frequenz f und die Vakuumwellenlänge λ einer gegebenen Strahlung nach der Beziehung $\lambda \cdot f = c$ mit der Lichtgeschwindigkeit im Vakuum verknüpft sind, konnte die Lichtgeschwindigkeit im Vakuum aus den beiden Messungen bestimmt werden. Solche Messungen wurden von verschiedenen Laboratorien durchgeführt. Sie ergaben den Wert von $c = 299\,792\,458$ m/s mit einer Genauigkeit, die vordem nie erreicht worden war. Die Unsicherheit betrug nur 1,2 m/s und war wesentlich bestimmt durch die Unsicherheit der Wellenlänge der Kryptonstrahlung. Auf Beschluß der 15. Generalkonferenz für Maß und Gewicht 1975 wurde dieser Wert der Lichtgeschwindigkeit zur Anwendung empfohlen.

Infolge der Verknüpfung $c = \lambda \cdot f$ ist es nur möglich, zwei der drei Größen durch Konvention frei zu wählen. Wollte man also den 1975 empfohlenen Wert für die universelle Naturkonstante „Lichtgeschwindigkeit" beibehalten, so konnte nur noch entweder über λ und damit das Meter oder f und damit die Sekunde frei verfügt werden. Da die Darstellung der gegenwärtigen Definition der Sekunde extrem genau ist (relative Unsicherheit etwa 10^{-13}), war es konsequent, den Wert der Lichtgeschwindigkeit ein für allemal festzulegen und die gegenwärtige Definition der Sekunde beizubehalten. Damit fand zugleich das 350 Jahre lange Bemühen, die Lichtgeschwindigkeit immer genauer zu messen, ein Ende. Das Meter läßt sich nach der neuen Definition um etwa 1,5 Größenordnungen genauer darstellen. Seine Unsicherheit ist im wesentlichen durch die Unsicherheit bestimmt, mit der Frequenzen im optischen Gebiet des elektromagnetischen Spektrums gemessen werden können.

Praktische Realisierung der Meterdefinition

Zur Darstellung des Meters sind generell zwei verschiedene Wege möglich:

- Messung des Zeitintervalls Δt, das Licht benötigt, um im Vakuum die Strecke l zurückzulegen, und Bestimmung der Laufstrecke l aus der Beziehung $l = c \cdot \Delta t$
- Bestimmung der Wellenlänge einer elektromagnetischen Strahlung aus der Frequenz dieser Strahlung nach der Beziehung $\lambda = c/f$.

Beim gegenwärtigen Stand der Zeitmeßtechnik lassen sich Zeitdifferenzen bis herab zu etwa 20 ps messen. Über eine

Laufzeitmessung des Lichtes könnte demzufolge eine Länge nur bis herab zu etwa 6 mm aufgelöst werden. Wollte man die gleiche Unsicherheit erhalten, mit der die Wellenlänge der Kryptonstrahlung bestimmt ist, so müßte die Zeit bestimmt werden, die das Licht benötigt, um eine Entfernung von 15000 km zurückzulegen. Die Laufzeitmessung hat also praktisch nur für Messungen im kosmischen Raum eine Bedeutung, die allerdings durch notwendige Korrekturen wieder eingeschränkt wird.

Frequenzen von Laserstrahlungen lassen sich heute sehr genau auf Spektrallinien von Molekülen stabilisieren. Nach dem Verfahren der gesättigten Absorption auf eine Linie des Jodmoleküls ist die relative Reproduzierunsicherheit im ASMW kleiner als $1 \cdot 10^{-11}$. Beim Gebrauch der Wellenlänge einer frequenzstabilisierten Laserstrahlung kann das Meter mit für alle praktischen Anwendungen ausreichender Genauigkeit dargestellt werden. Vom Konsultativkomitee für die Definition des Meters der Meterkonvention werden gegenwärtig 5 verschiedene Laserstrahlungen zur Darstellung des Meters empfohlen. Die Stabilisierung der Frequenzen dieser Strahlungen erfolgt auf die Mittenfrequenz einer Absorptionslinie der Moleküle Methan (Infrarotstrahlung) bzw. Jod (sichtbare Strahlung). Für nachgeordnete Zwecke können weiterhin die bisher benutzten Strahlungen von Gasentladungslampen verwendet werden.

In der DDR werden für interferentielle Längenmessungen vorwiegend Laser mit einer Wellenlänge 633 nm benutzt. Im ASMW erfolgt die Darstellung des Meter mit He-Ne/J_2-Laser dieser Wellenlänge. Alle anderen Wellenlängennormale können mit für jeden Zweck ausreichender Genauigkeit innerhalb des sichtbaren Spektralbereiches an das Primärnormal des ASMW angeschlossen werden.

K. Schmidt
ASMW der DDR, Fachabt. Länge/Winkel
1162 Berlin
Fürstenwalder Damm 388

Eingegangen am 9. 5. 1984
Überarbeitete Fassung am 1. 6. 1984

Literatur

K. Schmidt, J. Tschirnich, D. Hantke, Zu metrologischen Konsequenzen der Neudefinition des Meters. Feingerätetechnik (in Vorbereitung)

Comptes Rendus des Séances. XVII. Conf. Gén. Poids, Mes. Paris 1983 (im Druck)

Comité consultatif pour la Définition du Mètre. 7. Session Sèvres 1982, M 15-18, N 144

J. Blabla, M. Bartos, J. Smydke, D. Hantke, H. Philipp, M. Sommer, J. Tschirnich, Maßvergleich der frequenzstabilisierten He-Ne/J_2-Laser des ASMW und des CSMU. Metrologische Abhandlungen des ASMW **3** (1983) 285

K. Schmidt, D. Hantke, J. Tschirnich, Zur Redefinition des Meters und Festlegung eines festen Wertes der Lichtgeschwindigkeit. Feingerätetechnik **30** (1981) 441

Isotopenpraxis **21** (1985) 3, S. 103 bis 105

Zum Stand der Anwendung radiometrischer Meßeinrichtungen in der Volkswirtschaft der DDR

Keywords

German Democratic Republic; industry; radiometric gages; sealed sources

Die Radiometrie als Teilgebiet der Betriebsmeß-, Steuerungs- und Regelungstechnik gehört heute aus der Sicht des Strahlenschutzes zu den sichersten Anwendungsgebieten ionisierender Strahlung. Dabei soll einschränkend nur die Anwendung umschlossener Strahlenquellen zur Überwachung, Steuerung und Regelung von Produktionsprozessen o. ä. ablaufender Vorgänge betrachtet werden. Die umschlossenen Strahlenquellen sind in aller Regel in Arbeitsbehältern, Meßbügeln, Sonden, Schutzrohren o. a. Vorrichtungen gehaltert. Sie sind damit sicher vor unbefugtem Zugriff, ausreichend abgeschirmt sowie den Forderungen des Gesundheits-, Arbeits- und Brandschutzes gemäß untergebracht. Daß neben diesen Forderungen nach technischer Sicherheit eine Reihe von gesetzlichen Forderungen der Atomsicherheit und des Strahlenschutzes vom Anwender zu erfüllen sind, wird als bekannt vorausgesetzt und nicht näher erläutert.

Im folgenden soll ein Überblick über den Stand der Anwendung radiometrischer Meßeinrichtungen in der DDR gegeben werden, wobei sowohl statistische Aussagen zur Häufigkeitsverteilung der angewandten Verfahren als auch ihr Einsatz in den verschiedenen Zweigen der Volkswirtschaft gemacht werden.

Tab. 1 gibt einen Überblick über die in der Radiometrie angewendeten wichtigsten Verfahren. In der DDR weniger häufig angewendete Verfahren, wie die Beseitigung elektrostatischer Aufladungen oder der sich abzeichnende Einsatz der für die Radiometrie „neuen" Nuklide, wie ^{244}Cm oder ^{252}Cf, wurden nicht berücksichtigt.

Die Unterschiede in den Ausführungsformen und die technischen Varianten zur Lösung der Meßaufgaben ergeben eine relative Vielfalt an Geräten und Einrichtungen.

Tab. 1. Radiometrische Verfahren in der BMSR-Technik

Verfahren	hauptsächlich angewandte Nuklide	Meßprinzip
Füllstandsmessung	^{137}Cs, ^{60}Co	Absorption bei Durchstrahlung γ-Rückstreuung
Flächenmassemessung	^{137}Cs, ^{85}Kr, ^{241}Am, ^{147}Pm, ^{90}Sr	Absorption bei Durchstrahlung β-Rückstreuung
Dichtemessung	^{137}Cs, ^{60}Co	Absorption bei Durchstrahlung γ-Rückstreuung
Feuchtemessung	Pu-Be, Am-Be	n-Abbremsung
Analyseverfahren	^{241}Am	Anregung charakteristischer Röntgenstrahlung

Tab. 2. Anzahl der Anwender in der Volkswirtschaft der DDR

	Füllstands-messung	Flächen-masse-messung	Dichte-messung	Feuchte-messung	Analyse-verfahren	Gesamtanzahl der Anwender
Leichtindustrie	69	97	7	4	5	182
Bergbau	30	2	25	8	16	81
Bauwesen/Bauindustrie	26	6	14	30	—	76
Schwerindustrie/ metallverarb. Industrie	48	20	2	3	2	75
Chemische Industrie	24	3	10	2	4	43
Landwirtschaft/ Lebensmittelindustrie	23	—	10	4	—	37
Energieerzeugung	25	1	8	1	—	35
Wissenschaftliche Institutionen	1	6	10	16	—	33
Verkehrswesen	4	—	14	12	—	30
Maschinenbau	17	3	4	3	—	27
Übrige	3	—	4	19	—	26

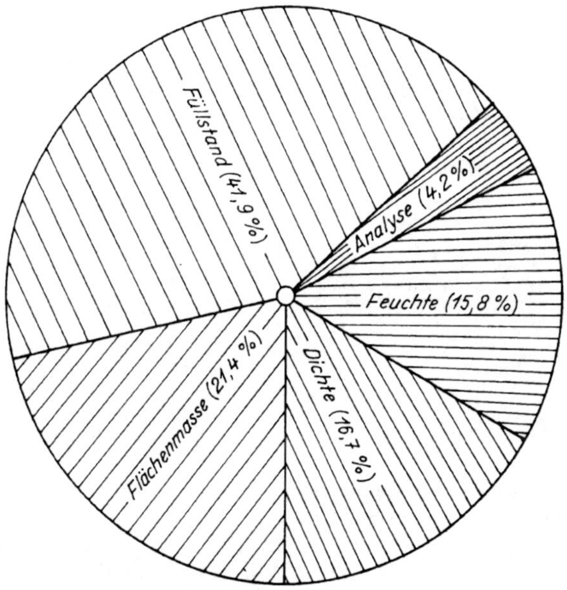

Abb. 1. Anteil der Verfahren innerhalb der Radiometrie

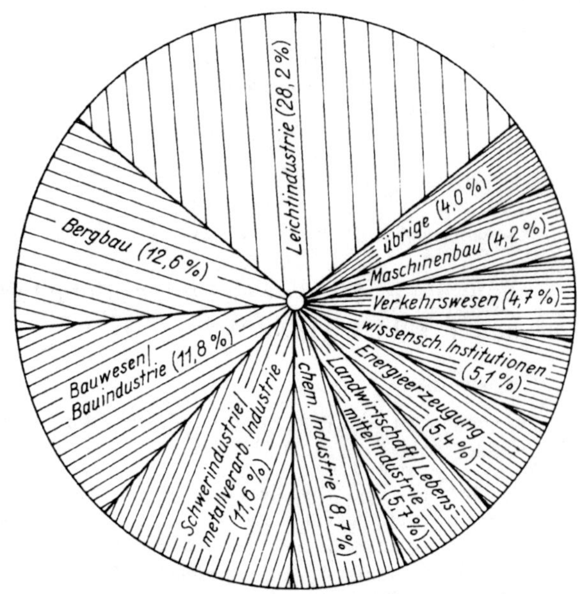

Abb. 2. Anteil der Industriezweige an der Anwendung der Radiometrie in der Volkswirtschaft

In Tab. 2 sind die fünf typischen Arbeitsvorhaben in der Radiometrie für 10 Bereiche der Volkswirtschaft zusammengetragen. Dabei ist sowohl die Dickenmessung dünner Materialien (Plastfolien) als auch dicker Materialschichten (Grobbleche) einheitlich unter „Flächenmassemessung" erfaßt. Unter dem Begriff „Anwender" sind die Institutionen erfaßt, die im Rahmen einer Strahlenschutzgenehmigung ein Arbeitsvorhaben (z. B. nur Füllstandsmessung), oft mehrere (z. B. Füllstands- und Flächenmasse- und Feuchtemessung), realisieren, so daß die Zahl der „Anwender" größer als die der registrierten „Genehmigungsinhaber" ist (645:541). Zur grafischen Verdeutlichung sei auf Abb. 1 und 2 verwiesen.

Aus Tab. 2 lassen sich bestimmte Schwerpunkte erkennen. Während die Füllstandsmessung in einer Reihe von Industriezweigen, wie Schwerindustrie/metallverarbeitende Industrie, chemische Industrie, Landwirtschaft/Lebensmittelindustrie, Energieerzeugung und Maschinenbau, eine dominierende Rolle spielt, ist die Flächenmassemessung typisch in der Leichtindustrie, z. B. der Textil-, Papier- und Kunststoffindustrie vertreten. Die Feuchtemessung bzw. die Kombination Dichte-/Feuchtemessung wird hauptsächlich in wissenschaftlichen Institutionen und in Baubetrieben des Verkehrswesens angetroffen. In zunehmendem Maße wird Feuchtemessung im Bauwesen eingesetzt, wie überhaupt dieses Teilgebiet der Radiometrie, auch aus Gründen der Energieeinsparung, zunehmendes Interesse findet.

Bereits seit Jahren hat sich die Koksfeuchtemessung in der metallurgischen Industrie bewährt. Momentan kann der Bedarf der Industrie an Feuchtemeßeinrichtungen aus DDR-Aufkommen nicht voll gedeckt werden.

Die Analyseverfahren sind das am schwächsten entwickelte Gebiet der Radiometrie. Obwohl die qualitative und/oder quantitative Kontrolle innerhalb von Produktionsabläufen immer mehr an Bedeutung gewinnt, gibt es nur relativ wenige ausgesuchte Anwendungsfälle.

In Tab. 3 sind, aufgeteilt auf die fünf Hauptrichtungen der Radiometrie, die Anzahl der Meßeinrichtungen sowie die angewandten Nuklide (Anteil in %) aufgeführt.

Tab. 3. Eingesetzte Meßeinrichtungen mit Anteil der angewandten Nuklide

	Anzahl der Anwender	Anzahl der radiometrischen Einrichtungen			Angewandte Nuklide Anteil in %	
		DDR-Prod.	Importe	Eigenbau		
Füllstandsmessung	270	4688	591	23	^{137}Cs:	78,35
					^{60}Co:	3,21
Flächenmassemessung	138	415	32	4	^{137}Cs:	6,93
					^{85}Kr:	6,53
					^{241}Am:	0,76
					^{147}Pm:	0,14
					^{90}Sr:	0,11
Dichtemessung	108	233	58	23	^{137}Cs:	1,90
					^{60}Co:	0,01
Feuchtemessung	102	193	13	—	Pu-Be	0,82
					Am-Be	0,65
Analyseverfahren	27	44	10	—	^{241}Am:	0,59

Neben den radiometrischen Meßeinrichtungen aus der DDR-Produktion sind auch Importe zu verzeichnen, die zum Teil innerhalb kompletter Fertigungslinien importiert wurden. Unter „Eigenbau" sind Meßeinrichtungen zu verstehen, die von Institutionen selbst entwickelt und gebaut wurden.

Die Zahl der eingesetzten umschlossenen Strahlenquellen beläuft sich auf insgesamt 7842 Stück, wobei der überwiegende Anteil (6682 Stück) aus der DDR-Produktion und der Rest (1160 Stück) aus Importen stammt.

Es ist auch hier klar zu erkennen, daß die Füllstandsmessung, bezogen auf die Zahl der Meßeinrichtungen und auf das Aktivitätspotential, die Spitzenposition einnimmt. Zahlenmäßig geringer, aber im Spektrum der Nuklide und Anwendungsmöglichkeiten vielfältiger, stellt sich die Flächenmassemessung dar. Hier sind die Möglichkeiten der Anwendung noch nicht ausgeschöpft. Größenordnungsmäßig gleich sind Dichte- und Feuchtemessung vertreten, obwohl für die letztere Methode größerer Bedarf eingeschätzt wird.

Die Probleme des Strahlenschutzes stellen sich je nach Meßaufgabe, gewähltem Nuklid und konkreten Bedingungen Vorort verschiedenartig, wozu in einem späteren Beitrag Ausführungen gemacht werden sollen.

W. Grün, J. Reckin, Ch. Wels
Staatliches Amt für Atomsicherheit und Strahlenschutz
1157 Berlin
Waldowallee 117
Eingegangen am 2. 5. 1984

Isotopenpraxis **21** (1985) 3, S. 105 bis 106

Tagungsberichte

„Internationale Konferenz über Röntgen- und Innenschalenprozesse in Atomen, Molekülen und Festkörpern" (X84) vom 20.–24. 8. 1984 in Leipzig

An der unter Schirmherrschaft der IUPAP stehenden Konferenz beteiligten sich über 350 Wissenschaftler aus 25 Ländern. Diese Konferenz leitet sich her aus einer Reihe von Veranstaltungen über Röntgenspektroskopie, die 1965 in Leipzig gestartet wurde und einer analogen Serie über die Phänomene der Innenschalenionisation, die 1972 in Atlanta begann. Auf Empfehlung der IUPAP 1978 zu einer einheitlichen Konferenzreihe vereinigt, fand sie 1978 in Sendai, 1980 in Stirling, 1982 in Eugene statt und kehrte nun erneut nach Leipzig zurück.

Entsprechend dieser Tradition hatte die X84 die Spektroskopie (Röntgen- und Elektronenspektroskopie) und die Inner-Shell-Physik zu umfassen. Diesem Anliegen wurden die Veranstalter gerecht, indem sie in den Plenarsitzungen geschickt Vorträge kombinierten, wenn diese die beiden Hauptaspekte der Konferenz nicht von vornherein hinreichend berücksichtigten. Als Beispiele seien die Vorträge von *K. Siegbahn* (Uppsala) und *F. Bosch* (Darmstadt) genannt. *K. Siegbahn* betrachtete die Elektronenspektroskopie zunächst unter dem methodischen Gesichtspunkt der Auflösung, die am hoch- und niederenergetischen Ende der Anregungsstrahlung durch recht unterschiedliche Faktoren begrenzt wird. Im weiteren wurden die zusätzlichen Informationen herausgestellt, die sich etwa über ein Molekül mit Hilfe der „dynamischen" Elektronenspektroskopie gewinnen lassen. Dabei wird, z.B. durch eine Kombination von Laser- und Elektronenspektroskopie, eine Spektroskopie des angeregten oder gar fragmentierten Moleküls betrieben. *F. Bosch*'s Vortrag über neuere Ionen-Atom-Stoßexperimente vermittelte nicht nur den Inner-Shell-Physikern einen überzeugenden Eindruck von der schnellen Entwicklung dieses experimentellen Zweiges, indem er insbesondere die Positronenspektren aus quasiatomaren Prozessen (für vereinigte Atommassen $\geqq 182$ und Stoßbedingungen an der *Coulomb*schwelle — $E_p \approx 6$ MeV je amu) analysierte. Auf ebenso glückliche Weise ergänzten sich die Vorträge von *B. Crasemann* (Eugene) und *M. Ya. Amusia* (Leningrad). *Crasemann* leuchtete die Grenzen bestimmter Betrachtungen aus, die in der Inner-Shell-Physik üblich geworden sind. So zeigte er, wie innere Mehrfachvakanzen die Grenzen der Einteilchenmodelle sprengen und daß unter den Abregungsprozessen die schnellen *Coster-Kronig*-Übergänge nicht mehr unbedingt nur störungstheoretisch behandelt werden können. Die hohen Übergangsraten machen die Betrachtung von An- und Abregungsprozessen als einen einheitlichen Streuvorgang erforderlich. Die Resonanzenphänomene an der Anregungsschwelle gehen bei Erhöhung der Inzidenzenergie gleitend in die PCI (post-collision interaction)-Effekte über, die von *Amusia* für die Photoionisation eingehender untersucht wurden. *R. D. Deslattes* und *E. G. Kessler* (Washington) beschrieben für die Röntgenspektren von Atomen mit nur einer Vakanz oder mit nur einem Elektron die zwischen ihnen auftretende Symmetrie und wie diese durch eine Kontamination durch Mehrfachvakanz- oder Wenig-Elektronen-Konfigurationen gestört wird. Sie sprachen in ihrem Vortrag Spektroskopiker und Inner-Shell-Physiker gleichermaßen an. In weiteren Plenar- und key-note-Vorträgen wurden beachtliche methodische Neuentwicklungen vorgestellt. Hier seien besonders die Photoelektronenmikroskopie (*H. Bethge*, Halle) und die Laserfackel (Autorenkollektiv aus Jena, Moskau und Berlin) erwähnt. Trend- und Fortschrittsberichte ergänzten das Programm. Je nach Arbeitsgebiet würde sicher jeder Teilnehmer seine Betonung auf eine andere Auswahl von Beiträgen legen. Aus unserer Sicht waren die Darstellungen der Konversionselektronenspektroskopie von *O. Dragoun* (Řež bei Prag), der Elektronenemission nach Ionen-Atom-Stößen unter Einzelstoßbedingungen (*N. Stolterfoht*, Berlin (West), *D. Berényi*, Debrecen, *I. A. Sellin* (Knoxville) und unter Vielfachstoßbedingungen im Festkörper (*K.-O. Groeneveld*, Frankfurt a. M.) von besonderem Interesse.

Viele interessante Ergebnisse waren auch in den 220 Posterbeiträgen enthalten. Ein sehr interessantes Detail aus *Åbergs* Gruppe (Helsinki) betraf chemische Effekte in der Röntgensatellitenspektroskopie: Nach Elektronenstoßanregung von Sauerstoffverbindungen werden L-Vakanzen zusätzlich zum K-Loch durch shake-Prozesse erzeugt, die stark von der chemischen Umgebung abhängen. Somit sind chemische Effekte in Röntgensatellitenspektren erstmals aus den Besonderheiten der Primäranregung erklärt worden. Die von *M. A. Blochin* (Rostov-am-Don), *E. Hartmann* (Leipzig) und *M. Uda* (Saitama) ausgestaltete Sitzung über chemische Effekte in der Innenschalenionisation war zu sehr auf externe Anregungsmoden gerichtet, die interne Anregung durch radioaktive Umwandlungen klang nur in einem der drei Vorträge an. Angesichts der qualitativ neuen Ideen, die *O. Benka* (Linz) im letzten Jahr in die Diskussion der Röntgensatellitenspektren einbringen konnte, empfindet man es als einen gewissen Mangel, daß er in dieser Sitzung nicht auftrat. Dafür aber stellte er in einem Posterbeitrag eine interessante methodische Weiterentwicklung der PAX (photoelectron spectroscopy for the analysis of x-rays)-Methode vor, die ganz sicher die Entwicklung der Röntgensatellitenspektroskopie sehr fördern wird.

Diese wenigen Beispiele sollen zeigen, daß das wohldurchdachte Programm es ermöglichte, aus dem reichen Angebot physikalischer Ergebnisse speziell auszuwählen und Bezüge zur eigenen Forschung zu finden.

Die Veröffentlichung der eingeladenen Vorträge in den Konferenz-Proceedings ist ungefähr zu Beginn des Jahres 1985 zu erwarten. Die glänzende Organisation machte die X84 zu einem Erfolg, zu dem man den Veranstaltern unter Leitung von Prof. *A. Meisel* (Sektion Chemie der Karl-Marx-Universität Leipzig) herzlich gratulieren kann.

Es ist vorgesehen, die X87 als nächste Konferenz dieser Serie in Paris stattfinden zu lassen.

E. Hartmann

Eingegangen am 24. 9. 1984

Isotopenpraxis 21 (1985) 3, S. 106 bis 112

Buchbesprechungen

Nukleare Sprengkörper — Bedrohung oder Energieversorgung für die Menschheit?

W. Seifritz. München: Karl Thiemig 1984. 287 S., 79 Abb., zahlr. Tab. u. Lit. (Thiemig-Taschenbücher, Band 97); kart.

Wie bereits aus dem Titel hervorgeht, besteht das Buch aus zwei Teilen. Im ersten Teil werden die nuklearen Sprengkörper in ihrer Eigenschaft als Kernwaffen betrachtet. Dabei sind die einzelnen Kapitel den verschiedenen Möglichkeiten der Energiefreisetzung durch Kernspaltung und Kernsynthese auf der Grundlage von Einphasen- und Mehrphasenkernwaffen gewidmet. Hierbei geht es im einzelnen nicht um eine detaillierte Gesamtdarstellung der vernichtenden Wirkungen, sondern insbesondere um exakte physikalische Untersuchungen der inneren Detonationsvorgänge (Abschätzung der kritischen Massen verschiedener Kernbrennstoffe, Methoden der Herstellung von überkritischen Ladungsanordnungen, Erörterungen zum Problem des „waffenfähigen" Plutoniums, Möglichkeiten zur Zündung thermonuklearer Ladungen, Bedeutung des Ablationsprozesses für die Kompression von Fusionsmaterial, Grundlagen des Zündfunkenkonzepts, Konfigurierung von Mehrphasenkernwaffen u. a.). Besonders ausführlich werden die Neutronenkernwaffen behandelt. Der Autor hat zu diesen Problemen eine große Anzahl von Literaturquellen ausgewertet, kritisch verarbeitet und zu einer aussagefähigen, interessanten und in sich geschlossenen Untersuchung zusammengefaßt. Eine solche Feststellung schließt nicht aus, daß man hinsichtlich einiger Detailaussagen und auch Schlußfolgerungen des Autors anderer Meinung sein kann.

Im zweiten Teil analysiert der Autor die Möglichkeit, thermonukleare Sprengkörper zur Energieversorgung einzusetzen. Hierzu stellt er das Grundprinzip eines PACER-Kraftwerkes vor. Danach sollen in einer unterirdischen mit Dampf gefüllten Kaverne periodisch DD-Fusionssprengkörper gezündet, durch eine entsprechende Ummantelung gleichzeitig Spaltstoff gewonnen und der überhitzte Dampf zur Elektroenergieerzeugung genutzt werden. Im Rahmen eines sich daraus ergebenden Kernbrennstoffzyklus werden physikalische, technische, energetische und politische Fragestellungen diskutiert. Auf der Grundlage seines „Energieinsel-Konzepts" wird vom Autor anschließend die Weiterentwicklung einer solchen Kernenergieanlage zum HACER-Kraftwerk (weitgehende Nutzung der Elektroenergieproduktion zur Wasserstofferzeugung) behandelt. Es liegt in der Natur der Sache, daß es gerade zu diesen hier aufgeworfenen Problemen lebhafte Diskussionen geben dürfte.

M. Hoffmann

Chemiker-Kalender

3., völlig neubearb. Aufl.; Hrsg.: C. Synowietz u. K. Schäfer. Berlin — Heidelberg — New York — Tokio: Springer 1984. 656 S., zahlr. Tab., geb. DM 44,—

Das weithin bekannte und verbreitete Nachschlagewerk ist nunmehr in völlig neu bearbeiteter dritter Auflage erschienen. Die bewährte, anwendungsfreundliche Inhaltsauswahl und -einteilung, die sich besonders auf den experimentell arbeitenden Chemiker, Ingenieur oder technischen Mitarbeiter in Betrieb und Labor orientiert, wurde beibehalten.

Gegenüber der zweiten Auflage von 1974 wird der zunehmenden Bedeutung der Biochemie durch eine inhaltsreiche Tabelle über den Gehalt vieler Nahrungsmittel an Nährstoffen, Vitaminen und Spurenelementen sowie einen freilich bescheidenen Teil über Nomenklatur von Enzymen und Abkürzungen aus der biochemischen Literatur Rechnung getragen. Neu sind auch elektrochemische Daten sowie Angaben über Laser. Den Hauptteil des Werkes bilden wie bisher die inhaltsreichen Tabellen anorganischer und organischer Stoffe. Der Umfang blieb etwa gleich, die neuesten *Beilstein*-Zitate wurden berücksichtigt, die wenigen bisher nicht aufgeführten wichtigen Verbindungen, wie Dimethylformamid oder Sulfolan fehlen leider auch weiterhin. Die ausführlichen Tabellen über alte und neue Maßeinheiten sind ein weiterer wertvoller Teil des Buches, allerdings ist die neue Meterdefinition noch nicht berücksichtigt.

Die für ein solches Werk gewiß diffizilen Probleme der Nomenklaturänderungen wurden nicht bewältigt. Die (notwendigen!) Kompromisse sind nicht sehr geglückt und noch dazu nicht in allen Tabellen einheitlich benutzt worden. Beispiele: Natriumthiocyanat — Methylrhodanid; Iod — Chrom; Diethylether — Benzol, Toluol; Phenylisocyanid — Phenylsenföl; Cobalt (S. 23) — Kobalt (S. 88ff.).

In bezug auf Radioaktivität und Isotope liegt das Werk deutlich unter seinem sonstigen Standard. Im Abschnitt „Radioaktive Meßgrößen" fehlen die SI-angepaßte Einheit Sievert (Sv) für die Äquivalentdosis und auch Begriffe wie relative biologische Wirksamkeit oder Qualitätsfaktor. Das Element Technetium wird mit Te symbolisiert (S. 25 und 56), die Spalte Physikalisch-chemische Eigenschaften blieb leer, obwohl die entsprechenden Daten lange bekannt sind; als Massenzahl des langlebigsten Isotops wird 97 (statt 98) angegeben. Nur im ausklappbaren Periodensystem ist das korrekte Symbol Tc angegeben.

Die kritischen Bemerkungen sollen nicht den Wert des Buches für seinen zu Beginn definierten Benutzerkreis herabmindern. Die gute Papier- und Druckqualität sowie die robuste Einbandgestaltung machen es zusätzlich zum praxisbezogenen Inhalt für den ständigen Gebrauch am Arbeitsplatz geeignet und empfehlenswert. *M. Wahren*

Geschichte der Naturwissenschaften

G. Wußing (Hrsg.) Leipzig: Edition Leipzig 1983, 564 S., 572 Abb., davon 100 mehrfarbig, einige Tab., ca. 270 in der Mehrzahl deutschsprachige Lit.; Leinen M 88,—
Dieser Titel ist im Buchhandel nicht erhältlich; es wird auf Bibliotheken verwiesen.

Bei diesem ansehnlichen, reich bebilderten Werk handelt es sich um eine Geschichte der Naturwissenschaften und der Mathematik in populärwissenschaftlicher Darstellung. Sie ist am Leipziger Karl-Sudhoff-Institut für Geschichte der Medizin und Naturwissenschaften von acht Wissenschaftshistorikern verfaßt worden, die großenteils durch eigene Buchveröffentlichungen bekannt sind. Ihre Absicht war es, ein „Sachbuch vorzulegen, daß in doppelter Weise gelesen werden kann ... Einerseits sollte jeweils in einer Zeitperiode oder in einem geographischen Raum der Blick auf das Ensemble der gleichzeitig sich entwickelnden verschiedenen naturwissenschaftlich-mathematischen Grunddisziplinen möglich sein. Andererseits sollte es ... möglich sein, die Geschichte ... einer Fachdisziplin ... verfolgen zu können (Mathematik, Astronomie, Physik, Chemie, Biologie, Geowissenschaften)." Dieser Konzeption entsprechend lauten die Hauptabschnitte: Die Naturwissenschaften am Ursprung, Die griechisch-römische Antike, Vorkolumbianisches Amerika, Indien, China und Japan, Islamische Reiche, Europäisch-lateinisches Mittelalter, Renaissance, Das Manufakturzeitalter, Das Zeitalter der Industriellen Revolution, Die Zeit der großen Industrie, Zwischen den beiden Weltkriegen, Mathematik und Naturwissenschaften heute: Tendenzen, Probleme, Ergebnisse. Sie beginnen mit übersichtlichen Einführungen und sind dann meist nach den genannten Einzelwissenschaften untergliedert.

Eine derartige Gesamtschau in einem Band wird mit ihrem Zwang zu verschiedenerlei Kompromissen immer ein schwieriges Unternehmen sein, bei dem es fast unausbleiblich ist, daß einerseits manche wichtigen Sachverhalte nicht behandelt werden können und sich andererseits an einigen Stellen sachliche Unsauberkeiten und Disproportionen finden lassen. So scheinen dem Rezensenten etwa die Darlegungen zum Periodensystem, zur Quantenfeldtheorie, zum Determinismusproblem und zur Kosmologie verbesserungsbedürftig zu sein. Weniger ins Gewicht fallen u. a. einige im Vergleich zu anderen Quellen abweichende Jahreszahlen oder die mehrfachen Abbildungen einiger Gelehrter, während andere herausragende Wissenschaftler vor allem des 20. Jh. nicht einmal namentlich genannt sind. Vermutlich haben sich die Autoren die Bechränkung auferlegt, über die jüngste Entwicklung der Naturwissenschaften nur sehr knapp zu berichten. Hierüber aber werden zahlreiche Leser enttäuscht sein. Angesichts dessen, daß die Wissenschaft in den letzten Jahrzehnten mehr über den Kosmos erfahren hat als in aller Zeit vorher, vermißt man solche Stichworte wie Urknall, Expansion des Universums, Neutronensterne, Pulsare, Quasare, Schwarze Löcher usw. In ähnlicher Weise sucht der Leser vergeblich nach Quarks, Leptonen oder elektroschwacher Wechselwirkung, obwohl diese Begriffe mit Entdeckungen verbunden sind, die für die gesamte Naturwissenschaft fundamentale Bedeutung besitzen.

In einer zweiten Auflage könnten die Möglichkeiten tabellarischer Übersichten besser genutzt werden (etwa synchronoptische Tabellen, Listen der Nobelpreisträger u. v. a.), auch in Schemata der Art wie auf S. 164 läßt sich vieles anschaulich nahebringen. In den für Illustrationen vorgesehenen, aber nicht voll genutzten Randspalten (ein Drittel jeder Seite) liegen noch Reserven für die Vermittlung zahlreicher weiterer Sachverhalte, ohne den Umfang des Buches zu vergrößern.

Diese sehr verdienstvolle Edition trifft in eine empfindliche Lücke der wissenschaftsgeschichtlichen Literatur. Es ist ein informationsdichtes einheitliches Werk in sehr ansprechender Gestaltung entstanden, das den Interessierten immer wieder zum Blättern, Lesen und Betrachten einlädt. Auch der Fachwissenschaftler erfährt über die Geschichte seiner Wissenschaft im historischen Zusammenhang sehr viel Neues, das teilweise in anderer Form nur schwer zugänglich ist, und er ist dankbar für das ausführliche Literaturverzeichnis. Neben der Vielfalt des textlich Dargelegten sind es die zahlreichen teils farbigen und mit ausführlichen Legenden versehenen Abbildungen, die einen besonderen Reiz des Buches ausmachen.

K.-P. Dostal

Jahrbuch der Atomwirtschaft 1984

15. Jahrgang; Hrsg.: W. D. Müller, R. Hossner. Düsseldorf/Frankfurt: Verlagsgruppe Handelsblatt 1984. 470 S., 107 Abb., 126 Tab., 117 Lit.; geb. DM 56,–

Dem Charakter eines Jahrbuches entsprechend wurde die bewährte Form der Gliederung in Perspektiven, Adressen, Informationen und Daten beibehalten und auf den Stand von 1983 gebracht, so daß für das Gesamtgebiet Atomwirtschaft der Fortschritt im Vergleich zu 1982 deutlich erkennbar ist. Im Kapitel Perspektiven wurden in sechs Arbeiten Probleme zur Kernenergie 1984, zum Atomrecht 1983 in der BRD, zur Kernbrennstoffversorgung sowie zu Problemen der Zwischen- und Endlagerung bzw. zur Wiederaufbereitung und zu modernen Entwicklungstendenzen strahlentechnischer Verfahren zur Entwicklung, Erzeugung und Untersuchung von Werkstoffen behandelt. Wenn früher ein Zusammenhang zwischen den steigenden Erdölpreisen und dem Ausbau der Kernenergie dargestellt wurde, scheint heute die Verursachung der rapide steigenden Umweltbelastung durch konventionelle Kraftwerke auf der Basis fosssiler Brennstoffe und dagegen die umweltfreundliche Kernenergieerzeugung realistischer zu sein (*M. Popp*), zumal das Problem der Endlagerung gelöst erscheint (*D. Kind*).

Weltweit wächst die Kapazität an Kernenergieerzeugungsanlagen schneller als die konventionelle Kraftwerkskapazität; in der BRD wird der Anteil an Kernenergie mit 35% der Gesamtenergieerzeugung knapp vor der Steinkohle liegen (Anfang der 90er Jahre). Wenn diese Entwicklungstendenzen auch abhängig von den ökonomischen Strukturen der einzelnen Länder regional unterschiedlich zu beurteilen sind, so ist die Arbeit von *L. Wiesner* schon aus dem Grund interessant, daß er technologische Entwicklungstendenzen aufzeigt, die allgemein gültig sind. Bedeutsam scheint die Erzeugung von Oberflächenlegierungen durch Ionenstrahlen zur Minderung des Verschleißes als ein zukunftsträchtiges Gebiet der sich ständig ausweitenden Implantationstechnik. Für die Anwendung von Elektronen- und Gammastrahlung gewinnt die Herstellung von Verbundwerkstoffen zunehmend an Bedeutung ebenso wie die Oberflächenvergütung mit Elektronenstrahlen. Auf neueste Entwicklungen der Anwendung von monoenergetischen Positronen und positiven Myonen als Festkörpersonden wird hingewiesen.

Der Adressenteil enthält eine Übersicht staatlicher und nichtstaatlicher Organisationen und Forschungseinrichtungen in der BRD, die sich mit Problemen der Nutzung der Kernenergie befassen.

Von besonderem Interesse sind die Informationen nach Ablauf des Jahres 1983, geordnet für 50 Länder zu Problemen wie z.B. Kernkraftwerke, Strahlentechnologie, Radioisotope, Forschung, Ausbildung, internationale Abkommen. Bei intensivem Studium und Vergleich dieser Informationen mit analogen Informationen früherer Auflagen lassen sich Entwicklungstendenzen gut abschätzen.

Die umfangreiche Zusammenstellung von Daten ergibt eine internationale Übersicht von Kernkraftwerken, die in Betrieb sind bzw. sich im Bau oder im Stadium der Projektierung befinden einschließlich der Leistungen, ebenso eine umfassende Zusammenstellung der Primärerzeugung und des Primärenergieverbrauches nach Kontinenten und Ländern geordnet. Dazu sind viele wichtige ökonomische Daten enthalten.

Das vorliegende Jahrbuch mit dem Stand 1983 stellt ein umfangreiches und inhaltsvolles Nachschlagewerk zu allen Problemen um die Kernenergetik und Atomwirtschaft dar, das in keiner Handbibliothek von Einrichtungen fehlen sollte, die sich mit wissenschaftlichen, technologischen oder ökonomischen Fragen der Energieerzeugung bzw. der Isotopentechnik befassen.

H.-G. Könnecke

Kerntechnik: Normen

Hrsg.: DIN Dt. Institut f. Normung e. V. 1. Auflage, Berlin – Köln: Beuth-Verlag 1983. 393 S., Abb. und Tab.; Brosch. DM 107,–

Das als Handbuch von DIN-Normen für die Kerntechnik vorliegende Werk umfaßt nichtstaatliche Regeln für die Arbeit des Ingenieurs, die die ingenieurmäßige Tätigkeit nach Möglichkeit standardisieren sollen und empfehlen, ihr Ergebnis in einer standardisierten Form festzuhalten. Sie dienen also der Erleichterung routinemäßiger Arbeit und der Verständigung über das Arbeitsresultat. Sie sind im Gegensatz zu Gesetzen und Verordnungen nicht verbindlich. Der vorliegende Band enthält Normen zu folgenden Sachgebieten: Allgemeines (Begriffe, Formelzeichen usw.), Analyse von Ereignisabläufen und Ausfallarten, Kritikalitätssicherheit von Kernbrennstoffen, Überwachung und Druckhaltung radioaktiver Stoffe, Reaktorkern/Reaktorschutz, Reaktorsicherheitsbehälter, Oberflächensauberkeit von Bauteilen, Wiederholungsprüfungen. Die Verfahrensregeln sind durchdacht und gut formuliert. Was den Sprachgebrauch betrifft, sind jedoch einige Unterschiede zwischen den in der DDR und den in der BRD benutzten Termini festzustellen, ohne daß die Verständigung darüber erschwert ist. Auf weitere kerntechnisch relevante Normen, die in dem Band nicht abgedruckt worden sind, wird in einem besonderen Verzeichnis hingewiesen. Naturgemäß haben Normen dieser Art angesichts des Gesamtumfanges der in der Kerntechnik zu leistenden Arbeiten ihre Lücken. Sie können daher nur zur Orientierung für die eigene Arbeit benutzt werden. Das vorliegende Handbuch kann vor allem Ingenieuren empfohlen werden, die bei Vorbereitung, Errichtung und Betrieb kerntechnischer Anlagen sowie in entsprechenden Bereichen der Standardisierung tätig sind.

K. Meyer

Radioaktive Abfälle
Probleme und Verantwortung

A. G. Herrmann. Berlin – Heidelberg – New York: Springer Verlag 1983. 256 S., 54 Abb., 34 Tab.; kart. DM 18,–; approx. US $ 7.20

Die Entwicklung und der Ausbau der Kernenergie als Energiebasis der entwickelten Länder dieser Erde bedurfte – und bedarf weiterhin – fast aller naturwissenschaftlichen und technologischen Disziplinen: Physik als Kernphysik, Chemie als Radiochemie, Metallurgie mit besonderen Forderungen an die Werkstoffe der Nuklearanlagen und die Energietechnik der Dampfkraftwerke als Kraftwerksanlagen größten Ausmaßes zur Elektroenergieerzeugung. Diese Reihe könnte fortgesetzt werden durch Fachbereiche der Geowissenschaften, die zur Standortwahl von Kernanlagen gewichtige Grundlagen liefern. Aus diesem Fachbereich wird im Zusammenhang mit der Deponie radioaktiver Abfälle die Geochemie gefordert, die wertvolle Aussagen und zu beachtende Kriterien bei der sicheren Lagerung außerhalb der Biosphäre liefert.

Die kleine Schrift wurde von einem Geochemiker verfaßt und läßt den zunehmenden Anteil an der Mitwirkung und Mitsprache zum Problem der Endlagerung radioaktiver Abfälle sehr deutlich werden.

Zunächst werden Ursache und Umfang der radioaktiven Abfälle behandelt, die Möglichkeiten des Verbleibs beschrieben und die notwendigen Forderungen an eine sichere Endlagerung (geochemische und künstliche Barrieren) behandelt. Von den verschiedenen Vorschlägen der Endlagerung in der Erdkruste wird besonders eingehend und ausführlich das Steinsalz-(Salzdom-)Konzept behandelt (75 S.); das mag daran liegen, daß dieses Konzept in der BRD bevorzugt verfolgt wird und daß der Autor die Geochemie der Evaporite als Spezialgebiet vertritt.

Auf. S. 88 wird als eine der möglichen Methoden zur Abfallbeseitigung auch die nukleare Veraschung (Transmutation) erwähnt und als Beispiel das langlebige ^{129}J mit einer Halbwertszeit von $1{,}57 \cdot 10^7$ a gewählt; dieses Beispiel ist aber völlig ungeeignet, denn es wären wegen des kleinen Wirkungsquerschnitts gegen thermische oder schnelle Neutronen Bestrahlungszeiten von mehreren 10 Jahren erforderlich. Obwohl dieses Konzept noch nicht angewendet wird, dürfte es besonders bei langlebigen Transuranen erfolgversprechend sein. Keine Erwähnung findet auch das ausgesprochene Konzept des „geologischen Begräbnisses", die Deponie im Bereich der Subduktionszonen der Plattentektonik. Als Beiträge der Geochemie erwartet man auch mehr an Abschätzungen zu Wanderungsgeschwindigkeiten von Ionen in geologischen Zeiten, wie sie aus der Lagerstättenlehre ableitbar sind. Neben dem Okla-Phänomen von Gabun gibt es noch andere Lagerstätten, die solche Abschätzungen erlauben (Th-Lagerstätten beispielsweise).

Welch hohen Stellenwert die sichere Entsorgung und Endlagerung der radioaktiven Abfälle gegenwärtig hat, ist u. a. bei den Neuformulierungen der Atomgesetze einzelner Länder zu erkennen: Bewilligungsverfahren für den Bau von Kernreaktoren werden von der Beachtung dieses wichtigen Gesichtspunktes abhängig gemacht.

Obwohl dieses Buch sehr auf die Verhältnisse der Bundesrepublik Deutschland zugeschnitten ist, enthält es viele wertvolle und übertragbare Hinweise zur Lösung der Abfallbeseitigung der Kernenergietechnik. *H. Hübner*

Umwelt — weltweit
Bericht des Umweltprogramms der Vereinten Nationen (UNEP) 1972—1982

Hrsg. der Übersetz.: Dt. Stiftung für Umweltpolitik, bearb. von M. W. Holdgate, M. Kassas, G. F. White, unter Mitwirkung von D. Spurgeon. Berlin — Bielefeld — München: Erich Schmidt Verlag 1983. 674 S., 89 Abb., 117 Tab. (Beiträge zur Umweltgestaltung Band A 88); kart. DM 48.—

Im Jahre 1972 fand in Stockholm eine internationale UN-Konferenz statt, auf der ein Aktionsplan für die menschliche Umwelt aufgestellt wurde. Der Bericht dieser Konferenz war auch die Grundlage für eine UNO-Resolution der Generalkonferenz vom 15. Dezember 1972, die eine internationale Zusammenarbeit bei drei Themengruppen auslöste: Umweltbewertung und Einschätzung, Umweltmanagement und flankierende Maßnahmen (supporting measures). Das in deutscher Übersetzung vorliegende Buch ist der Bericht über den Stand an Wissen und Abschätzungen, der seit der Stockholmer Konferenz erreicht wurde. An der Abfassung dieses umfassenden Berichtes haben 151 Wissenschaftler und 10 nationale und internationale Organisationen teilgenommen.

Er gliedert sich neben einer Einleitung in weitere 16 Kapitel, die jeweils in eine gegenwärtige Zustandsbeschreibung und in Aussichten für die Zukunft untergliedert sind. Als Einteilungsprinzip werden die einzelnen Sphären (Atmosphäre, Hydrosphäre, Lithosphäre), die Tier- und Pflanzenwelt, Land- und Forstwirtschaft, die Bevölkerung der Erde und die menschlichen Siedlungsformen, Gesundheit, Industrie, Energie, Verkehrswesen, Tourismus, Erziehungsfragen zum Umweltbewußtsein und die alle Menschen betreffende Frage des Friedens und seiner Sicherung gewählt. Das reichhaltige Tabellen- und Grafikangebot untermauert die getroffenen Feststellungen, wie sie in dem zurückliegenden Dezennium erarbeitet und begründet wurden. Fragen der friedlichen Nutzung der Kernenergie sind naturgemäß in die Berichterstattung mit einbezogen: Abgabequoten von Radionukliden (^{90}Sr und ^{137}Cs) in die Weltmeere und die Gefahren für die zivile Kernkraftindustrie, die sich aus Sabotageakten, Diebstählen und Erpressungen evtl. ergeben könnten (Plutonium). Daß trotz Teststopabkommen im Zeitraum 1970—1980 insgesamt 469 nukleare Sprengsätze gezündet wurden, ist erwähnens- und beachtenswert. Zur Strahlenbelastung der Menschheit als Folge der betriebenen Kernkraftwerksanlagen wurde folgende Feststellung getroffen: „... in den 70er Jahren erhielt ein Mitglied der Weltbevölkerung im Durchschnitt eine Gesamt-Körperdosis natürlicher Strahlung von ungefähr 1000 µSv pro Jahr und etwa 700 µSv pro Jahr aus den von Menschenhand geschaffenen Quellen, von denen weniger als 10 µSv pro Jahr auf Strahlungen aus der Kernkraftindustrie zurückzuführen sind" (S. 501).

Es ist längst offenkundig, daß sich die Erde und ihre Menschheit nur weiterentwickeln können, wenn die drohende Gefahr eines globalen Nuklearkrieges abgewendet werden kann, wenn Frieden und Sicherheit als lebenswichtige Voraussetzung dazu erhalten bleiben. Folgen eines nuklearen Infernos werden dargestellt und Fragen der Abwendung dieser Katastrophe behandelt. *B. Ward* und *R. Dubos* haben 1972 in ihrem Werk „Only One Earth" von der Dualität der menschlichen Situation folgendes ausgesprochen: „Der Mensch bewohnt zwei Welten. Die eine dieser Welten ist die natürliche Welt von Pflanzen und Tieren, von Erdböden und Luft und Gewässern, die bereits Billionen von Jahren vor ihm bestanden und deren Teil er ist. Die andere ist die Welt der sozialen Einrichtungen und dessen, was er selbst aufbaut. Dabei benutzt er seine Werkzeuge und Maschinen, seine Wissenschaft und seine Träume, um eine Umwelt zu schaffen, die den Absichten und Zwecken der Menschen unterworfen ist." Der vorliegende Bericht ist eine Bestandsaufnahme und Trendeinschätzung, welche Folgen der Mensch bei seinem Tun zu erwarten hat. Mögen diesen Bericht sehr viele Menschen lesen — es ist sein Tun, seine Umwelt und seine Zukunft, die der Mensch aufbaut oder zerstört. *H. Hübner*

Water Chemistry and Corrosion Problems in Nuclear Power Plants

Vienna: IAEA 1983. 517 S., 180 Abb., 110 Tab., 296 Lit. (Proc. Series STI/PUB/630); karton. ÖS 1000.–

Auf einem Ende 1982 durchgeführten Symposium über Wasserchemie und Korrosionsprobleme in Kernkraftwerken wurden 36 Vorträge zu den Themenkreisen Erfahrungen in der Reaktorwasserchemie, Modellierung des Korrosionsprodukttransportes, Technologie der Wasserreinigung, Experimentalschleifen und Untersuchung der Wirksamkeit von Schutz- und Dekontaminationsmaßnahmen gehalten. Ziel der Maßnahmen ist die Erhöhung der Standzeit der Anlagen, die Gewährleistung des Wärmetransportes zwischen den Kreisläufen und die Verringerung der Strahlenbelastung bei Wartungs- und Inspektionsarbeiten.

Hauptkomponente der Radioaktivität außerhalb des Cores ist ^{60}Co. Zu dessen Reduzierung ist nach *Koine* et al. (Japan) eine O_2-Kontrolle im Speisewasser, eine Auswahl Co-armer Stahlsorten, die Substitution von Co-Legierungen und die Erhöhung der Fließgeschwindigkeit bei der Wasserreinigung notwendig. Die Schutzschichten im 1. Kreislauf wurden von *Bart* et al. (Schweiz), *Ferret* et al. (Großbrit.) und *Hänninen* et al. (Schweden) untersucht. Sie bestehen aus dem Spinell $(Fe^{II}, Ni)(Fe^{III}, Cr)_2O_4$, der mit weniger fest haftendem Hämatit Fe_2O_3 überzogen ist. Entsprechend ist der feste Anteil der Korrosionsprodukte im Wasser (Crud) besonders eisenreich und die Schutzschicht besonders chromreich. Der Metalltransport erfolgt über Crud und lösliche Formen vom Stahl zum Core und zurück. Dabei ist der pH-Wert maßgebend für die Löslichkeit und der O_2-Partialdruck für die Oxydation. Auf dieser Grundlage wurde der Massetransport von *Beslu* (Frankreich) modelliert und die radiolytische O_2-Erzeugung von *Ishigure* (Japan) mit einem Computer simuliert. *Brusakov* et al. (UdSSR) gehen besonders auf die Rolle der EMK ein. Besonders wirkt das Wasserregime bei Inbetriebnahme und Abschalten. Aus Arbeiten von *Berge* et al. (Frankr.) und *Järnström* (Finnland) erhält man einen optimalen pH-Wert, wenn im Wasserreservoir der Lithiumgehalt 0,22 ppm und derselbe im Borsäuretank bei 7000 ppm H_3BO_3 12 ppm beträgt, wobei Lithium durch äquivalente Mengen an Natrium oder Kalium ersetzt werden kann.

Die durch Borsäure erhöhte Löslichkeit der Metalloxide nutzt *Roofthooft* (Belgien) bei der Hochgeschwindigkeitsfiltration zur Reinigung der Dampferzeuger aus. Niedriglegierte Stähle mit 1 bis 1,5% Cr und 0,5% Mo stellen *Izumiya* et al. (Japan), *Barton* und *Arkles* (Großbrit.) sowie *Hurst* et al. (Großbr.) zur Diskussion. Für die Wasserreinigung mittels elektromagnetischer Filtration wird von *Kysela* et al. (ČSSR) der Einsatz eines superleitenden Magneten erprobt. Weitere Beiträge sind der Vorstellung von Schleifen in Reaktoren (*Large* et al., Großbr.) und außerhalb von Reaktoren gewidmet. Zur Ausbildung einer chromreichen Schutzschicht wird die Stahlvorbehandlung mit EDTA von *Carter* et al. (Großbrit.) vorgeschlagen. Für die Dekontamination von V_2A-Stahl ist nach *Pick* (Großbrit.) als erster Schritt eine Oxydation des Chroms mit salpetersaurer $KMnO_4$-Lösung zweckmäßig. Als weitere Dekontaminationsmittel werden alkalische Permanganatlösung und danach Zitronensäure und Oxalsäure eingesetzt.

In der Kombination von physiko-chemischen Grundlagen, Oberflächencharakterisierungen und praktischen Hinweisen für die Wasserchemie stellt das vorgestellte Vortragsprogramm den gegenwärtigen Wissensstand vor und gibt allen mit der Wasserchemie in Kernreaktoren beschäftigten Wissenschaftlern und Ingenieuren wertvolle Hinweise.

S. Niese

Physik: Ein Lehrbuch zum Gebrauch neben Vorlesungen

Chr. Gerthsen, H. O. Kneser, H. Vogel, 14. Aufl., neubearb. u. erw. von H. Vogel. Berlin – Heidelberg – New York: Springer Verlag 1982. 874 S., 1043 Abb., 57 Tab., geb. DM 83,–

Probleme aus der Physik – Aufgaben und Lösungen aus Gerthsen/Kneser/Vogel

H. Vogel. Berlin – Heidelberg – New York: Springer Verlag 1982. 399 S., 134 Abb., zahlr. Tab., karton. DM 37,–

Francis Bacon, englischer Philosoph, Staatsmann und ein Mensch mit unverkennbar edlem Charakter und unerklärlichen Fehlern, hat von Büchern einmal gesagt: "Some books are to be tasted, others to be swallowed, and some few to be chewed and digested."

Die letztere Zuweisung gilt gewiß für Lehrbücher, die durch eine Geschmacksempfindung allein wohl kaum voll aufgenommen werden können. Und was gilt für ein Lehrbuch, das in 14 Auflagen erschienen ist? Über eine Generation lang diente es den Studierenden als verläßlicher Wegweiser zur Physik und durch die Physik, und es wird seit der 1. Auflage der schweren Jahre 1946/1947 betont, daß es ein Lehrbuch zum Gebrauch neben den Vorlesungen sein will und sein soll.

Der Aufbau des Lehrbuches ist seit der 1. Auflage im wesentlichen beibehalten worden, obwohl leicht eine Straffung und Modernisierung erkennbar ist; die 1. Auflage war in insgesamt 24 Kapitel eingeteilt, die jetzt vorliegende enthält nur noch 17 Kapitel und 2 neue Kapitel dazu: die Statistische Physik und die Festkörperphysik. Die Relativitätstheorie erfährt ebenfalls eine eigene Darstellung und ist nicht mehr als Unterkapitel der Wellenmechanik aufgeführt. Welch schnelle Weiterentwicklung die Physik auch in der Gegenwart erfährt, ist nicht nur an den Neuentdeckungen von Elementarteilchen oder unerwarteten Phänomenen zu sehen, sondern auch an der seit Oktober 1983 durch die Conférence Générale des Poids et Mesures in Paris angenommene Meterdefinition, wonach 1 m die Wegstrecke ist, die das Licht im 299792458sten Teil einer Sekunde durcheilt. Damit ist eine der 7 Basiseinheiten des Système Internationale d'Unités (SI) neu festgelegt und kann mit einer Unsicherheit von nur noch 10^{-9} realisiert werden. Die SI-Einheiten wurden in der vorliegenden Auflage im wesentlichen angewendet, wenn auch nicht durchgehend. So wird auf S. 618 noch die Ci-Einheit definiert und auch die Ionendosis Röntgen angegeben ohne Hinweis darauf, daß letztere nur noch bis zum 31. 12. 1985 in der BRD gesetzliche Gültigkeit hat. In den Tab. S. 664 wird noch $g \cdot cm^{-3}$ für die Dichte und in Tab. 14.3 S. 676 noch kcal/mol u. a. verwendet. Die Massenzahlen der Nuklide sollten immer links oben angegeben werden, U-235 auf S. 775 und im Aufgabenbuch auf S. 339.

Die Angabe, daß das Verhältnis D:H in der Natur 1:6000 betragen würde, erweckt den Anschein, als sei dieses Verhältnis eine Konstante; weit gefehlt, die isotopen Gemische der Elemente kommen in der Natur in mehr oder weniger wechselhaften Verhältnissen vor, beispielsweise das (D:H)-Verhältnis im SMOW-Standard (Standard Mean Ocean Water) 1:6420, aber im SLAP-Standard (Standard Light Antarctic Precipitation) mit 1:11233. Diese Variationen in den isotopen Zusammensetzungen beruhen auf den Wirkungen von Isotopieeffekten, also geringen Unterschieden im physikalischen und chemischen Verhalten der Isotope eines Elements; von einer chemischen Ununterscheidbarkeit der Isotope kann keine Rede sein, wie auf S. 589 gesagt wird. Auf S. 562 ist das Nuklid ^{13}C und nicht ^{14}C gemeint. Von der Halbwertszeit des ^{14}C von 5570 Jahren sollte gesagt werden, daß dies das konventionelle Alter nach *Libby* ist und nicht die physikalische Halbwertszeit von (5730 ± 30) Jahren, S. 602. Bei der Darstellung des mathematischen Rüstzeuges der Quantenmechanik (Kap. 16.1) sollte man konsequent im komplexen Bereich bleiben und auch eine einheitliche durchgängige Schreibweise wählen, um den Leser nicht unnötig zu verwirren.

Es ist eine moderne Art, jedem Lehrbuch eine didaktisch gut ausgewählte Sammlung an Aufgaben beizuordnen. Dies ist auch in der vorliegenden Auflage in lobenswerter Weise geschehen, mehr als 1000 Aufgaben werden zur Vertiefung des Stoffes angeboten. Hervorzuheben ist, daß in einem gesonderten Band nicht nur die Aufgaben nochmals gestellt werden, sondern daß jede Aufgabe mit durchschaubaren Hinweisen und weiteren Angaben „vorgerechnet" wird. Einige Ungenauigkeiten haben sich hier eingeschlichen: Aufgabe 7.2.10. — nicht die Tangentialkomponente des elektrischen Feldes, sondern die Normalkomponente springt. Auf S. 361 fehlt bei $h_n = \sin nx = \frac{1}{2i}(f_n - f_n^*)$ das i im Nenner, und bei $g_n^* \cdot g_n = \frac{1}{4}(\ldots)$ ist eine 4 im Nenner und keine 2. Außerdem sind auf dieser Seite die trigonometrischen Gleichungen fehlerhaft angegeben, und ein „vernünftiger Mensch" weiß sie nicht auswendig, wie es dort heißt, und sollte nachsehen können. Das Skalarprodukt in Aufgabe 16.1.6. ist nicht kommutativ, sondern hermetisch, und außerdem ist ein Skalarprodukt im Komplexen niemals assoziativ.

Hervorzuheben ist insgesamt die hohe Aktualität der Darstellung: *Fourier*-Spektroskopie, Laser-Technik, Nachweise des J/ψ-Teilchens, Quarks, Lichtleiter, Plattentektonik u. a. m. Eine weitere Aktualisierung könnte empfohlen werden bei den Atomgewichten (von der Commission on Atomic Weights and Isotopic Abundances 1981 neu überprüft und zusammengestellt), bei den Lebensdaten der Physiker (*Felix Bloch* 1983 verstorben, *G. Hertz* 1975 verstorben und *H. Yukawa* 1981 verstorben beispielsweise), und vielleicht sollte auch der Synthese superschwererer Elemente (heute bis Element 109 nachgewiesen) mehr Raum gegeben werden, da diese Arbeiten mit dem Physikerpreis 1984 gewürdigt wurden. Eine doppelte Darstellung der Eigenschaften fester Elemente (Tab. 14.4 auf S. 677 und dieselbe auch auf S. 872) und des Periodensystems der Elemente (Tab. 12.3 auf S. 563 und auch auf S. 873) bietet dafür auch Raum.

Der eingangs erwähnte *Francis Bacon* hat auch gesagt, die Naturwissenschaft sei die Mutter aller Wissenschaften — und die Physik? Sie ist innerhalb der Naturwissenschaften wohl nochmals als Mutter anzusprechen. Bei einem jungen Physiker und bei den Studenten können möglicherweise der Umfang des Lehrbuches und das hohe Angebot an Aufgaben Irritationen auslösen. Ihnen sei gesagt, daß ein Durchdenken und Durchklären gerade dieser Zweiheit der Physik sehr lohnend und bleibend ist — es ist eine Physik dargestellt worden, die man anfassen kann, und manche Ableitung und manche Abbildung bleibt über eine Generation hinweg haften. Ein schönes Lob für ein Lehrbuch.

H. Hübner

Algorithmen zu Methoden der angewandten Mathematik für physikalische Forschungen und Fragen der Experimentautomatisierungen

Gedruckt im Auftrag der AdW der Grusinischen SSR, Tbilissi: Mecniereba 1983. 292 S., 13 Abb., 1 Tab., 37 Lit. (in Russisch); brosch. Rubel 1,30; M 6,50

Im vorliegenden Handbuch werden Arbeiten von Mitarbeitern des Physikalischen Instituts der AdW der Grusinischen SSR publiziert. Es zerfällt in 4 ungleiche Kapitel (156 S., 122 S., 7 S., 6 S.). Im 1. Kapitel (verfaßt von *C. T. Tarkašvili, Z. I. Rostomašvili, M. G. Džakeli*) werden numerische Verfahren zur Lösung partieller Differentialgleichungen behandelt. Nachdem in § 1 desselben die verschiedenen Typen von Aufgaben genannt, Differenzenoperatoren zu entsprechenden Knoten-„Schablonen" bzw. Netzen über den Integrationsgebieten eingeführt sowie Differenzenaufgaben für verschiedene Typen von partiellen Differentialgleichungen formuliert wurden, folgen in den §§ 2 ... 17 Beschreibungen von 16 FORTRAN-Unterprogrammen. Innerhalb jedes Paragraphen folgt der mathematischen Formulierung der zugehörigen Aufgabenstellung die Beschreibung von Programm und Lösungsmethode, die Auflistung des vollständigen Quelltextes und ein komplettes Testbeispiel. Insbesondere werden behandelt: die 1. und 3. RWA für die *Poisson*gleichung über Rechteckgebieten (Überrelaxation, *Peaceman-Rachford, Samarskij-Andrejev*), Lösung von ein- und zweidimensionalen hyperbolischen und parabolischen DGL mit expliziten und impliziten Schemata.

Im 2. Kapitel (*C. T. Tarkašvili, N. A. Lapauri, Z. I. Rostomašvili, N. A. Datešidze*) werden in analoger Weise Aufgabenstellung, UP-Beschreibung, Quelltext und komplettes Testbeispiel für 22 ausgewählte Standardaufgaben der mathematischen Physik angegeben. Dazu gehören bestimmte sowie uneigentliche Integration (Pol der Ordnung a, $0 < a < 1$, am Rand; *Cauchy*scher Hauptwert), Inversion einer reell-symmetrischen Matrix, Lösung linearer Gleichungssysteme, Eigenwerte und Eigenvektoren einer reellen Tridiagonalform, Lösung transzendenter Gleichungen (*Müller*-Verfahren), Polynomwurzeln, nichtlineare Gleichungssysteme (Methode des steilsten Abstiegs), lokale Minima, gewöhnliche DGL-Systeme (*Runge-Kutta* und *Merson*-Modifikation), Approximation und Glättung diskret gegebener Funktionen durch Polynome (Methode der kleinsten Quadrate), Primäre Analyse experimenteller Daten, Superposition von Peaks, Parameterbestimmung in mathematischen Modellen (Methode der kleinsten Quadrate und Monte-Carlo), Zeichnen berechneter Kurven auf Digigraf D3G.1 und Clusteranalyse.

Die mitgeteilten Programme sind einfach und übersichtlich gehalten, sie vermitteln anwendungsbereites, erprobtes Wissen. Sie sind in einfacher Genauigkeit für das Betriebssystem DOS/ES (Version 2.2) geschrieben und auf einer EDVA M-4030 getestet. Diese Kapitel können Studenten und Bearbeitern theoretisch-physikalischer und technischer Aufgaben, die auf numerische Aufgaben des genannten Problemkreises führen, empfohlen werden.

Die beiden letzten Kapitel behandeln Rechnerkopplung und Laborexperiment-Automatisierung mit Minicomputern.

H. W. Schmidt

Medizinische Biologie des Menschen
Eine Einführung für Gesunde und Kranke

R. F. Schmidt, München – Zürich: Piper 1983. 481 S., 81 Abb., geb. DM 39,80

Auf den ersten Blick ist diese „Einführung für Gesunde und Kranke" eine faszinierende Darstellung der menschlichen Physiologie, unterstützt durch didaktisch geschickte Gliederung und Anordnung und durch die zahlreichen, fast durchweg zweifarbigen, eindrucksvollen Zeichnungen. Der Stoff ist auf 22 Kapitel verteilt. Am Ende des Buches findet man ein Glossar mit fast 150 Begriffserläuterungen und ein ausführliches Register, jedoch keinerlei Literaturzitate, wenn man von den 4 Selbstzitaten des Autors absieht, die er in einem eigenen Abschnitt „Weiterführende Literatur" untergebracht hat.

Erst auf den zweiten Blick wird deutlich, daß dieses Buch für Laien geschrieben wurde, und hier beginnt offenbar für den Autor (Physiologie-Professor an der Universität Würzburg) der Zwiespalt zwischen massiver, exakter Faktenvermittlung und Zugeständnissen an den Verleger, der einen großen Leserkreis ansprechen möchte. So ist der Rezensent z.B. befremdet von reißerischen Abschnittsüberschriften, wie „Epilepsie: Gewitter im Gehirn" oder „Der miserable Fotoapparat" (= das Auge). Andererseits ist der darauf folgende Text zum Teil so anspruchsvoll, daß er ohne bestimmte Vorkenntnisse nicht ohne weiteres verständlich wäre. Der Autor kann und will sein Spezialgebiet nicht leugnen und widmet 11 Kapitel (= 265 von 435 Seiten) der Neuro- und Sinnesphysiologie. Dagegen vermißt man z.B. ein Kapitel über die Leber. Selbst im Register sucht man dieses Stichwort zwischen Lebensspanne und Leibesscham vergeblich.

Auch wenn der Autor unglücklicherweise bereits im dritten Satz des Vorwortes einen Druckfehler übersah (und drei Zeilen danach „für sich ... in Anspruch ... nimmt, für alle Fehler ... allein verantwortlich zu sein"), sind im weiteren Text lediglich einige Inkonsequenzen im Vergleich mit Bezeichnungen in den Bildern festzustellen.

Im Vorwort steht auch, daß der Titel der ersten Auflage (1979) „Biomaschine Mensch" lautete, sicher ein Titel, der dem Ziel einer vordergründigen Publikumswirkung mehr entgegenkam und Verwechslungen mit einem Fachlehrbuch besser ausschloß.

Die genannten Einschränkungen, hat man sie einmal akzeptiert, mindern jedoch das Lesevergnügen nicht: Im Gegensatz zur bisher gewohnten, sachlich-nüchternen Darstellungsweise von Einführungsbüchern liegt hier ein Buch vor, das in seiner unkonventionellen Art den Leser fesselt und auf unterhaltsame Art bildet.

P. Krumbiegel

Physikalische und chemische Datierungsmethoden in der Quartär-Forschung

Mebus A. Geyh. Clausthal-Zellerfeld: Verlag Ellen Pilger 1983. 163 S., 21 Abb., 6 Tab., 1 Faltbl. (Clausthaler Tektonische Hefte 19); brosch. DM 19,80

Seit ungefähr drei Jahrzehnten haben physikalische und chemische Datierungsmethoden und darunter vorrangig solche, die kosmogene bzw. primordiale Radionuklide und deren Tochternuklide ausnutzen, der Geochronologie den Zugang zu Altersbestimmungsverfahren eröffnet, wesentliche Beiträge zum Verständnis globaler und regionaler Kreisläufe geleistet bzw. Basismaterial zur Modellierung und quantitativen Beschreibung geliefert. Infolge der raschen Entwicklung sowohl des Spektrums der Datierungsmethoden, ihrer Anwendungsgebiete als auch der ständigen Verfeinerung der Meßtechnik liegt heute ein kaum überschaubarer Fundus an Literatur vor. Das vorliegende Taschenbuch, von einem namhaften Autor verfaßt, der insbesondere auf dem Gebiet der Radiokohlenstoffanalytik arbeitet, wendet sich deshalb vorzugsweise an die in der Praxis der Quartärforschung tätigen Geologen und Archäologen, wird aber auch dem mit den Meßmethoden vertrauten Fachmann als willkommenes kleines Nachschlagewerk, als Informationsquelle und Ausgangspunkt für den Einstieg in die Spezialliteratur nützlich sein können.

Das Buch weist eine recht geeignete Einteilung in sechs Kapitel auf. Im Abschnitt 2 werden in knapper Form die methodischen Grundlagen der verschiedenen Datierungsverfahren erläutert, während sich Kapitel 3 mit den Grundzügen der Meßtechnik beschäftigt. Teil 4 und 6 bilden das Kernstück. Der Abschnitt 4 befaßt sich auf etwa 50 Seiten mit der Beschreibung der Datierungsmethoden selbst. Dabei wird der Radiokohlenstoffmethode, die das älteste und am meisten ausgereifte Verfahren darstellt, in gebührender Weise breiter Raum gewidmet, es werden die wesentlichsten Einflußfaktoren auf die ^{14}C-Variationen der einzelnen globalen Reservoire beschrieben und ein Gefühl für Handhabung und Aussagegehalt von ^{14}C-Altersangaben vermittelt. Des weiteren sind andere kosmogene Radionuklide und deren potentielle Anwendungsgebiete aufgeführt (z.B. ^{39}Ar, ^{10}Be, ^{36}Cl), die zunehmend in den Blickpunkt treten und meßtechnisch in der Perspektive erfaßbar sind. Möglichkeiten zur Altersbestimmung mit Hilfe von Mutter-Tochter-Isotopenhäufigkeiten (soweit sie die Zeitspanne des Quartärs berühren), Disgleichgewichte innerhalb der Uranzerfallsreihen, physikostratigraphische (Paläomagnetismus, ^{18}O-Häufigkeit z.B.) und chemische Datierungsmethoden werden gleichfalls berücksichtigt sowie Anwendungsfälle und erfaßbare Zeiträume abgesteckt.

Im Abschnitt 5 werden praktische Hinweise für den nicht unmittelbar mit Altersbestimmungen beschäftigten Probeneinsender sowie wichtige Informationen zur Beurteilung und Interpretation von Datierungsergebnissen gegeben.

Kapitel 6 beinhaltet in einer vorteilhaft untersetzten Gliederung einen Überblick über nahezu alle Anwendungsgebiete der Datierungsverfahren, die Datierungsprobleme und die aus gegenwärtiger Sicht bestehenden Grenzen der einzelnen Methoden für verschiedenartige Probenmaterialien.

Der gute Gesamteindruck des Buches, das in komprimierter Form eine Fülle von Literatur verarbeitet und jahrelange Erfahrungen des Autors vermittelt, wird durch ein Glossar im Text erwähnter geochronologischer Begriffe sowie einen sehr informativen Anwendungsspiegel (Datierungsbereiche sämtlicher geschilderten Methoden; jeweilige ungefähre substanzspezifische Probenmengen) abgerundet.

Die positive Einschätzung wird auch nicht geschmälert durch einige Druckfehler, die zu Mißverständnissen führen: Die Referenzstandards NBS-Oxalsäure und ANU-Sucrose sind unterschiedlich definiert (S. 22), das 2σ-Kriterium beinhaltet generell eine Sicherheitswahrscheinlichkeit von 95,5% (S. 22/23), Maßeinheit ‰ SMOW statt ‰ PDB (S. 56, Fig. 14), Beispiel 2000 ± 100 Jahre v. h. (S. 68 unten) bzw. in Tab. 5 (S. 69) sämtliche Angaben natürlich „±", im Anhang II erscheint die Probenmenge für Radiokohlenstoff „$10^{-3}-20$ g" zu klein gewählt und steht im Widerspruch zu Tab. 2 (S. 17). Drucksatztechnische Fehler treten auf den Seiten 53, 54/55 und 87/88 auf.

A. Hiller

ISOTOPENPRAXIS

Band 21 1985 Heft 3

Contents / Inhalt

Authors	Page	Contents	Inhalt
		Articles	**Originalarbeiten**
K. Wetzel	77	Precision Measurements of the Relative Abundance of ^{18}O as an Aid for Determining Isochronous Ages of Silicate Rocks	►Präzisionsmessungen der relativen Häufigkeit des ^{18}O als Hilfsmittel bei der Bestimmung von Isochronenaltern silikatischer Gesteine
H. Jordan, D. Hebert, K. Fröhlich, R.-P. Scholz, R. Gellermann	79	On the Hydrogeologic Interpretation of Isotope Data in Connection with Substance Transport	►Zur hydrogeologischen Interpretation von Isotopendaten im Zusammenhang mit Stofftransportprozessen
H. D. Schmiedl, D. Hebert, K. Fröhlich, H. Jordan	83	Tritium Measurements on Inflows to Salt Mines	►Tritiummessung an Zuflüssen im Salzbergbau
S. Halas	86	►Isotope Analysis on Nano-Mole Gas Samples	Isotopenanalyse an Gasproben im Nanomol-Bereich
A. A. Hafiez, Z. El-Kirdassy, M. A. Abdel-Hafez, G. Megahed, K. R. Ashmawy, A. Ziada, E. Sheba	88	►A Study of the Effect of Aging on Insulin and Glucagon Release during Intravenous Glucose Tolerance Test	Einfluß des Lebensalters auf die Insulin- und Glucagon-Freisetzung beim intravenösen Glucose-Toleranztest
O.P. D. Noronha, A. B. Sewatkar	92	►A Reassessment of the Hepatobiliary Propensities of ^{131}I-Rose Bengal in the Rat	Neuabschätzung der Wirkung von ^{131}I-Bengalrosa auf Leber und Galle von Ratten
E. Z. Abbas, A. Emara, Y. Z. Yassen, M. M. Amr, M. S. Karas	95	►Serum Levels of T_3 and T_4 among Workers of Contraceptive Pills Industry	T_3- und T_4-Serum-Niveaus bei Arbeitern der Industrie für kontrazeptive Pillen
K. Wutzke, W. Heine	99	Enzymatic Hydrolysis of Yeast Protein Labelled ^{15}N	►Enzymatische Hydrolyse von ^{15}N-markiertem Hefeprotein
		Letters to the Editor	**Kurze Originalmitteilungen**
A. Unverricht, H. R. Schütte, J. Hartung, H. Gräser	101	Synthesis of Labelled Compounds. Part 51: Production of (U-^{14}C)p-Chloraniline	►Synthesen radioaktiv markierter Verbindungen. 51. Mitt. Darstellung von (U-^{14}C)p-Chloranilin
		From Practice	**Aus der Praxis**
K. Schmidt	102	On the New Definition of the Meter	►Zur Neudefinition des Meters
W. Grün, J. Reckin, Ch. Wels	103	On the State of the Application of Radiometric Appliances in National Economy of the GDR	►Zum Stand der Anwendung radiometrischer Meßeinrichungen in der Volkswirtschaft der DDR
	105	**Meetings**	**Tagungsberichte**
	87, 106	**New Books**	**Buchbesprechungen**

►Language of Publication ►Publikationssprache

Isotopenpraxis is indexed in Current Contents/PC & ES, Science Citation Index, and INIS Atomindex